水环境安全评价与水处理新技术

郭宇杰　赵梦蝶　冉云龙　陈守开　编著

中国水利水电出版社
www.waterpub.com.cn
·北京·

内 容 提 要

本书首先针对水体中影响环境安全和人体健康的污染物，进行了评价方法的介绍，然后针对此类污染物，总结了水处理新技术，以保护人体健康和给水安全。

本书将环境毒理学、水处理工程、水环境监测评价等专业知识融为一体，可以作为环境管理、环境医学、环境工程、给排水等领域工作人员的参考书，使其在工作中拓展思路。

图书在版编目（ＣＩＰ）数据

水环境安全评价与水处理新技术 ／ 郭宇杰等编著
. -- 北京：中国水利水电出版社，2021.2
ISBN 978-7-5170-9518-7

Ⅰ．①水… Ⅱ．①郭… Ⅲ．①水环境－安全评价②水处理 Ⅳ．①X143②TU991.2

中国版本图书馆CIP数据核字(2021)第055213号

书　　　名	**水环境安全评价与水处理新技术** SHUI HUANJING ANQUAN PINGJIA YU SHUI CHULI XIN JISHU
作　　　者	郭宇杰　赵梦蝶　冉云龙　陈守开　编著
出 版 发 行	中国水利水电出版社 （北京市海淀区玉渊潭南路1号D座　100038） 网址：www. waterpub. com. cn E - mail：sales@waterpub. com. cn 电话：(010) 68367658（营销中心）
经　　　售	北京科水图书销售中心（零售） 电话：(010) 88383994、63202643、68545874 全国各地新华书店和相关出版物销售网点
排　　　版	中国水利水电出版社微机排版中心
印　　　刷	清淞永业（天津）印刷有限公司
规　　　格	170mm×240mm　16开本　10.5印张　206千字
版　　　次	2021年2月第1版　2021年2月第1次印刷
定　　　价	**56.00元**

前 言 ◀◀◀◀◀◀

饮用水和水产品是人体直接摄入污染物的重要途径。但随着化学工业的发展，越来越多的农药、兽药、日化用品、医疗药品等化工产品进入水体中。人们对水环境安全的关注度越来越高，各国对水质安全评价的标准也越来越完善、严格。本书针对水体中影响人体健康和环境安全的污染物及处理方法，分作两大部分进行了讨论。本书第一部分（第 1 章～第 5 章）介绍了水质指标的种类及生活饮用水、水源地水质标准和污染物的检测分析方法，讨论了水环境质量的单项和综合评价方法，以及面对新型污染物时需要掌握的毒理学评价方法，分析评价水环境中污染物影响人体健康的途径和程度。为保障饮用水和水产品的安全性，需要处理水源中痕量的持久性有机污染物尤其是环境激素类污染物、重金属、有害阴离子、病原性微生物等。传统的混凝沉淀-砂滤-消毒工艺已经不能满足水质安全要求。针对此类复合性痕量污染物，本书第二部分（第 6 章～第 9 章）介绍了高级氧化、吸附、离子交换、膜分离等水处理新技术，以合理、经济、综合、科学地针对水源和供水标准设计处理工艺，保障水环境安全健康。

本书共 9 章内容，第 1 章～第 3 章由赵梦蝶撰写，第 4 章～第 6 章由冉云龙、陈守开撰写，第 7 章～第 9 章由郭宇杰撰写，郭宇杰负责全书统稿。

本书得到了河南省水谷研究院、河南省重大攻关科技项目（212102310539）的支持，特此表示感谢。

本书结合了环境毒理专业和环境工程专业的知识，可以作为环境管理、环境医学、环境工程等领域工作人员的参考书，使其在工作中拓展思路。但由于知识涉及面广，作者水平有限，失误和不妥之处在所难免，希望本书起到抛砖引玉、打破专业界限的效果，也希望相关领域专家批评指正。

作者

2021 年 2 月

目 录

第一部分

水环境安全评价

1

第 1 章

概　述

　　水是人体的六大营养素（水、蛋白质、脂肪、无机盐、碳水化合物和维生素）之一，是人体进行新陈代谢的介质，是联系人体营养过程和代谢过程的纽带。饮用水和水产品是人体与水环境直接关联的重要途径，但随着化学工业的发展，越来越多的农药、兽药、日化用品、医疗药品等化工产品进入水环境中，因此，水质环境安全是关系到每家每户和子孙后代身体健康的关键因素之一。

　　伴随着社会经济的快速发展，我国水污染形势严峻，各大水系地表水、地下水均受到了不同程度的污染。《2019 中国生态环境状况公报》显示，我国 25.1% 的地表水监测断面（点位）、30.9% 的湖泊（水库）和 85.6% 的国家级地下水监测点水质劣于 III 类水，8% 的全国地级及以上城市集中式生活饮用水水源水质不达标。据统计，水环境中的污染物已超过 2000 种，其中自来水中有 700 余种污染物。水环境中的有毒有害物质可经直接饮水、间接饮水（如粥、汤）以及其他涉水活动（如洗澡、游泳）等途径进入人体，其中直接饮水暴露的潜在健康风险不容小觑。世界卫生组织（WHO）的调查显示，人类 80% 的疾病和 50% 的儿童死亡率都与饮水水质不良有关。准确评估水环境中的有毒有害物质，以及经涉水活动暴露于人体所致的健康风险，是制定、修订水环境管理办法、政策法规和标准的科学基础。

　　水环境健康风险评价主要是针对水环境中对人体有害的物质，这种物质一般可分为两类：①基因毒物质，包括放射性污染物和化学致癌物；②躯体毒物质，即非致癌物。根据世界卫生组织和国际癌症研究机构（IARC）通过全面评价化学有毒物质致癌性可靠程度而编制的分类系统，属于一类和二类 A 的化学物质为化学致癌物，其他为非致癌物。这些物质对人体健康产生危害主要通过 3 种暴露途径：直接接触、摄入水体中的食物和饮用。其中饮用被认为是一种很重要的暴露途径。2017 年国家环境保护部颁布了《人体健康水质基准制定技术指南》，标准适用于我国地表水和可提供水产品的淡水水域中污染物质长期慢性健康效应人体健康水质基准的制定，为我国相关机构科学、规范地制定人体健康水质基准制定了标准。

1.1 健康效应评估方法

急性毒性试验本身不能很好地预测对生物群落或生态系统无害的毒物浓度，因此，为保护生物生长、繁殖和活动等免受毒物的不利影响，最好能进行慢性毒性试验，甚至进行更符合生态的（半）野外试验。但是，由于慢性毒性试验必须特定地适应受试生物个体的生活史，因此测试方法可变，这样得到的慢性数据只能进行定性比较，较难进行定量比较。

另外，慢性毒性试验的周期和成本与急性毒性试验的周期相比急剧增加。由于缺乏生物基础生活史信息，想统一慢性毒性试验设计十分困难。显然，利用慢性毒性试验方法对所有的化学品进行评价非常困难。事实上，对所有化学品进行急性毒性试验的任务十分巨大。因此，如对所有化学品进行全面、合理的评价，进行合理外推方法研究是必须的。

估计人体接触环境污染物后对其健康的危害，需要预测在整个生存期中低剂量的效应。把流行病学的数据和动物剂量/反应数据结合起来考虑，是定量推导评价标准的基础。

根据美国环保局（USEPA）推荐的暴露评估模型，某污染物的日均暴露剂量（average daily dose，ADD）主要取决于污染物浓度和摄入量。饮水暴露评估（即饮水暴露剂量）则主要取决于饮用水中污染物浓度、饮水量以及饮水持续时间等，并与个体体重密切相关［式（1.1）］。在污染物浓度准确定量的情况下，饮水暴露参数的取值越接近调查人群的真实情况，饮水暴露评估越准确，健康风险评估的结果也越可靠。

$$\text{ADD} = \sum_{i=1}^{n} \frac{C_i \cdot \text{IR}_i \cdot \text{EF}_i \cdot \text{ED}_i}{\text{BW} \cdot \text{AT}} \tag{1.1}$$

式中　C_i——污染物在饮用水中的浓度，mg/mL；

　　IR_i——饮水量，mL/d；

　　EF_i——饮水暴露频率，d/a；

　　ED_i——饮水暴露持续时间，a；

　　AT——平均饮水暴露时间，d；

　　BW——体重，kg；

　　i——摄入水的类型。

非致癌物的无效应浓度或致癌物的特定危害浓度都是从动物中毒实验或人类流行病学研究的资料外推而估算得到的。根据主要的有害效应是癌症或其他中毒表现，采用两类基本方法用于制定健康评价标准。

1. 致癌物

利用线性多阶模型，按剂量从高到低外推癌症的反应，随后依动物实验数据，对危害性进行估计。由于引入了可调节参数，评估过程具有足够的灵活性，可以拟合所有单一递增剂量的响应数据。多阶模型为线性非阈限模型，在低剂量的环境暴露情况下，对致癌物产生过低估计的可能性要小些，更切合实际。基于剂量反应导致的动物至人体的外推和其他未知因素的不确定性、平均摄入量的采用以及由一旦低估了危险性而导致的一系列对公众健康的影响等因素，美国环境保护局认为在制定水质评价标准的过程中用保守方法估计致癌物危害是谨慎的。线性多阶模型与早期采用的模型相比，具有更系统、引用的武断假设更少的优点。

应当注意到，对于外推模型所提供的致癌物危险性判断，由于将各种假设引入模型中，利用差异较大的假设所得的几个模型，其估计范围可能会相差好几个数量级。因目前尚无任何方法可证明任一模型的科学有效性，危险外推模型的运用是尚有争议的课题。但是，在目前，危险外推一般被当作估计无阈值毒物对健康危害的唯一的可靠工具，且被许多机构和科学组织所认可。这些机构和组织包括美国环境保护局的致癌物评估组、美国科学院，它们均把危险外推作为评估接触各种致癌污染物后所致危害的有用手段。

2. 非致癌物

对致癌物以外的其他污染物的毒性效应的健康评价标准的基础是期望对人类不产生有害影响的浓度估计值。虽然利用了全部可能得到的有关人体研究的数据，但这些评价标准一般仍是依据每日可接受的摄入量和利用在动物研究中所采用的未观察到有害效应的数据来推导的。在从动物外推到人的过程中，用计入了固有不确定性的安全因子进行计算，求得日可接受摄入量。美国国家科学研究委员会（NRC）推荐的安全因子为 10、100 或 1000。在实际运用中，因子的选择取决于数据的质量和数量。在某些情况下，利用 Stokinger - Woodward 模型，从吸入研究结果或摄食研究得到的近似人体反应极限进行外推。利用标准接触假设（2L 水、6.5g 可食水生生物和一个体重为 70kg 的人），可从日可接受摄入量得到评价标准的计算值。

1.2　水环境安全健康评价标准的确定方法

保护人体健康的评价标准以物质的致癌性、毒性或器官感觉（味觉和嗅觉）特性为依据。评价标准值的意义和实用价值则依据获得这些值时所依据的性质。

健康评估的目标是要估计环境水体中被评价成分的浓度标准：对非致癌物来说，该浓度标准应能防止产生有害人体健康的效应；对怀疑是或已经证实为致癌物的物质来说，该浓度标准能反映出使致癌危险增加的各个水平。典型的健康评估包含对接触程度、药理动力学、毒性效应和评价标准的公式 4 个要素的研究。

接触程度部分归纳了有关接触途径的资料：直接从水中摄取；因食入生长于该水体中的水生生物而间接摄入；因食入其他食物而摄入；从空气中吸入以及皮肤接触。推断人体健康评价标准应以接触为前提。多数的评价标准仅仅以下述接触途径为基础：摄入含规定浓度的某一毒物的水；摄入将环境水体中污染物富集于体内的水生生物。其他多重的接触途径，如通过空气、非水生食物或皮肤等接触，由于缺乏数据，绝大多数的污染物在这方面的影响均未反映于评价标准的公式中。评价标准既可用合并的水生接触途径，也可仅用水生生物摄食接触的单一途径来计算得到。对于既反映水的食用又反映水生生物的食用的评价标准来说，两种接触所起的相对作用随着该污染物的生物富集程度不同而不同。生物富集因子越大，摄食水生生物的作用就越重要。由于推导污染物的评价标准时仅反映两个特定的水生生物接触途径的情况，待收集到全部接触途径的资料后，可以得到水质浓度的修改值。改编或修订适合于地方条件、反映人体健康的水质评价标准的工作程序的要点是研究具有明显差异的接触方式，这个修改过程类似于水生生物评价标准的修改过程。依此过程，各地在自己的独立权限内建立合适的人体健康评价标准。

只有存在足够的证据证明有中毒效应发生并且拥有可供估算的剂量或相应的数据，才能制定专门的以人体健康为基础的评价标准。药理动力学部分综合了污染物吸收、分布、代谢和排泄等方面的数据，可以了解该污染物在人体和动物系统中的生化行为。毒性效应部分综合了污染物急性、亚急性、慢性中毒，协同效应和拮抗效应的数据以及有关诱变性、致畸性和致癌性的资料。在综合过程中，要证实防止毒性效应的产生就是要考虑数据的质量、数量和证据的分量特性。评价标准的公式着重审查所制定评价标准的依据和对评价标准值的数学推导。

对怀疑是或已被证明为致癌物的物质的评价标准是以水体中致癌物对人体致癌的危险增长的一个相应的浓度范围值来表示的。对非致癌物的评价标准是指人体接触单个化合物时，该化合物的浓度值在评价标准中规定的水平内不产生有害效应。在少数情况下，器官感觉（味觉和嗅觉）数据是形成这类评价标准的基础。当这类评价标准不代表一个直接影响人体健康的值时，应提出污染物不产生令人不快的怪味和臭气的估计浓度值，这种味和气直接来源于食用水或间接来源于环境水体中的食用水生生物。以这种方式制定的评价标准在保护指定水用途的水环境上，与其他类型的评价标准一样有用。此外，在能获得数据的情况下，在给出对污染物的感官评价标准的同时，也给出对污染物毒性的评价标准。在水质标准中，对污染物评价标准的选择取决于要保护的指定用途。在多用途的水体中，其评价标准要保护最敏感的用途。

水环境中的污染物质或有害因素对人体健康、水生态系统与使用功能不产生有害效应的最大剂量或水平称为水质基准（water quality criteria），是只考虑饮水和（或）食用水产品暴露途径时，以保护人体健康为目的制定的水质基准。水质基准的制定程序主要包括 4 个步骤（图 1.1），具体如下：①数据收集和评价；②本土参数的确定；③基准的推导；④水质基准的审核。

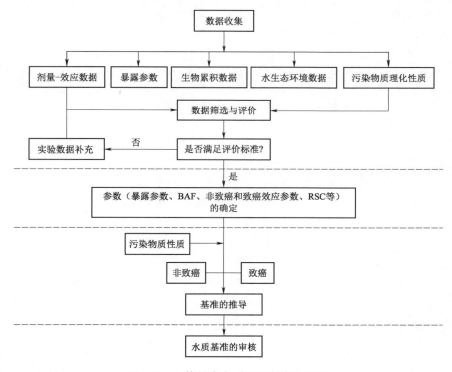

图 1.1　人体健康水质基准制定流程图

参 考 文 献

［1］ 中华人民共和国生态环境部. 2019 中国生态环境状况公报 ［EB/OL］. (2020 - 05 - 18).
http：//www. mee. gov. cn/hjzl/sthjzk/zghjzkgb/202006/
P020200602509464172096. pdf.

［2］ 中华人民共和国环境保护部. 中国人群环境暴露行为模式研究报告：成人卷 ［M］. 北
京：中国环境科学出版社，2013.

［3］ SMITH A H, HOPENHAYNRICH C, BATES M N, et al. Cancer risks from arsenic in drinking water [J]. Environmental Health perspectives，1992，97（1）：259 - 267.

[4] 曾光明，卓利，钟政林，等. 环境健康风险评价模型及其应用 [J]. 水电能源科学，1997，15（4）：28 - 33.

[5] KERGER B D，PAUSTENBACH D J，CORBETT G E，et al. Absorption and elimination of trivalent and hexavalent chromium in humans following ingestion of a bolus dose in drinking water [J]. Toxicology and Applied Pharmacology，1996，141（1）：145 - 158.

[6] 黄建洪，张琴. 水环境污染健康风险评价中饮水量暴露参数的研究进展 [J]. 卫生研究，2021，50（1）：146 - 153.

[7] 中华人民共和国环境保护部. 人体健康水质基准制定技术指南 [EB/OL]. （2017 - 06 - 09）. http：//www. mee. gov. cn/ywgz/fgbz/bz/bzwb/shjbh/xgbzh/201706/W020170622331 195832255. pdf.

[8] 周玑，张文华，王连生. 毒物风险评价外推方法 [J]. 环境科学进展，1995，3（2）：42 - 48.

[9] 曹美苑，李鳕橙，黄柏文. 国内饮用水中消毒副产物分布水平与健康风险评价 [J]. 公共卫生与预防医学，2020，31（3）：90 - 93.

第 2 章

水质标准及参数测定

《饮用水水质准则》由世界卫生组织（WHO）起草、公布，并进行了多次修订补充，现行的水质标准为第四版。该标准成为许多国家和地区制定本国或地方标准的重要依据，其指导思想如下：

（1）控制饮用水中微生物的污染极其重要。

（2）化学物质（对人体有益的化学物质除外）对人体的危害往往表现为慢性的、积累的，有些是致癌的，只有极其严重的污染才会导致急性疾病的发作。

（3）消毒副产物对人体健康有潜在的威胁，但消毒副产物对健康造成的威胁与消毒不完全对健康的风险相比要小得多。

（4）符合《饮用水水质准则》指导值的饮用水是安全的饮用水。

（5）短时间内水质指标监测值超过指导值的水并不意味着不适于饮用。

（6）在制定化学物质指导值时，按成人每天饮水 2L（体重 60kg）、儿童每天饮水 1L（体重 15kg）、婴儿每天饮水 0.75L 考虑。

2.1 常用水质评价指标

水中污染物大体划分为 8 类：①耗氧污染物；②致病污染物；③合成有机物；④植物营养物；⑤无机及矿物质；⑥土壤、岩石等冲刷下来的沉积物；⑦放射性物质；⑧热污染。从环境科学的角度，根据污染物的物理、化学、生物性质及其污染特性，可将水体污染物分为以下几种类型：①无机无毒物质；②无机有毒物质，包括重金属毒性物质和非金属的无机毒性物质；③有机无毒物质；④有机有毒物质，包括农药、酚类化合物、多环芳烃（PAHs）、多氯联苯（PCBs）和表面活性剂。从环境毒理学的角度，把进入水体的污染物分为物理性、化学性和生物性污染物三类。

常规生活饮用水水质标准中包括感官性状和物理指标、微生物指标、无机非金属和金属指标、有机物指标和有机物综合指标、农药指标、消毒剂及消毒副产物指标和放射性指标。下面列举典型的水质质量指标并加以分析。

1. 感官质量（aesthetic qualities）

所有水体均不应含有下列来源于废水或其他途径排放的物质：

（1）能沉淀生成有害沉积物的物质。

（2）诸如碎片、浮渣、油类、漂浮物或其他能形成公害的物质。

（3）生成令人讨厌的色、臭、味或浊度的物质。

（4）对人类、动物或植物有损害、有毒或能使其产生不良生理反应的物质。

（5）能产生不良或有害的水生生物的物质。

水的感官质量是指由人们的习惯所形成的一般准则。它们体现了水体的美观程度和质量。尽管与水体接触的个体之间对这些概念可能看法各异，也还未建立起对感官质量定量描述的依据，但有关这些质量因子的规定能够尽可能地阐明公众所关注的问题。

臭味是人类评价饮用水质量最早的参数之一，因为饮用者能最直观地对其进行判断。水资源供需矛盾越来越突出，水厂原水水质日趋恶化，世界范围内饮用水中臭味事件发生的频率越来越高。饮用水中的臭味问题已成为一个全球性的问题。如土臭味、鱼腥味、腐败臭味等在美洲、澳洲、欧洲、非洲及亚洲的饮用水中普遍存在。其中土臭味的产生主要归因于某些藻类大量繁殖产生的两种代谢产物：土臭素（geosmin）和二甲基异茨醇（2-MIB）。这是两类在极低的浓度（<10ng/L）下即可被人嗅觉感知并引起不快感的物质。于建伟等利用臭味层次分析法（flavor profile analysis）对水中的臭味种类及强度进行较精确的描述，可以达到定性及定量的程度，用于水质的感官评价过程。

感官质量规定了保护水体免受环境危害的一般准则，提出了水体免受污染的最低要求以及保护国家水域的最基本的参数。

2. 碱度（alkalinity）

除天然浓度较低者外，为保护淡水生物，以 $CaCO_3$ 表示的碱度应不小于 200mg/L。

碱度是水中能使水的 pH 值提高到 4.5 以上的全部组分的总和。其测定值是用标准酸滴定至水的 pH 值达到 4.5 左右来计量的，一般用每升含碳酸钙的毫克数来表示。因此碱度是衡量水的缓冲能力的一个量度。由于 pH 值对水中有机体有直接影响以及对水中某些污染物的毒性有间接影响，因而缓冲能力对水质很重要。通常天然水中能提高水碱度的物质有碳酸盐、碳酸氢盐、磷酸盐和氢氧化物。

水的碱度对城市供水很重要，因为它影响配水系统中水的软化、管网腐蚀控制以及需加入的化学药剂数量的计算。在饮用水源中，由自然界存在的物质如碳酸组盐所形成的碱度对健康无害，即便天然存在的碳酸钙的最大浓度接近 400mg/L 也不会对人体健康产生影响。

3. 病原微生物（athogens）

饮用水中病原微生物包括细菌、病毒、原生动物（两虫）、藻类等。其中细菌包括军团菌（legionella）、病原性大肠杆菌（enteropathogenic escherichia coli）、鸟分枝杆菌复合群（MAC）、螺杆菌（helicobacter）、弯曲杆菌（campylobacter）等。病毒包括肠道病毒（enteroviruses）、肝炎病毒（hepatitis viruses）、轮状病毒（Rotaviruses）和其他急性胃肠炎病毒。北京地区儿童秋季腹泻发病，主要由轮状病毒引起。饮用水中常见的其他急性胃肠炎病毒包括杯状病毒和星状病毒。原生动物包括贾弟虫（giardia）、隐孢子虫（cryptosporidium）、环孢子虫（cyclospora）和微孢子虫（microsporidia）。某些藻类能产生蓝藻毒素，肝癌发病率与经常饮用含微囊藻毒素的水之间存在一定的相关性。

水源传播疾病不仅能由肠道细菌引起，还能由病毒、原生动物和藻类等引起，它们和肠道细菌有着迥然不同的生长特征和营养要求，所以目前广泛使用的大肠杆菌类细菌并不能作为病毒、原生动物和藻类的有效指示物，必须使用多种微生物作为监测饮用水微生物安全性的指示生物。WHO的《饮用水水质准则》（第四版）共评估了19种致病菌、7种病毒、11种致病原虫（寄生虫），也对有毒蓝藻和蓝藻毒素进行了关注，同时对8类微生物安全质量的指示生物的应用进行了阐述。欧盟（EU）的《饮用水水质指令》中微生物方面的指标为大肠杆菌和肠道球菌，并制定了瓶装或桶装饮用水微生物指标。美国环境保护局（USEPA）制定的《国家饮用水水质标准》对微生物给人体带来的健康风险给予高度重视，微生物学标准共有7项，包括隐孢子虫、贾第虫、军团菌、分枝杆菌、病毒等。澳大利亚、加拿大、俄罗斯、日本等国则同时参照上述三大标准来制定本国的饮用水标准。美国已经建立了信息收集规则（ICR），评价超过10万人口的城市用水中病原体的威胁，这项工作会为进一步确定检测对象和评价指标提供依据。

4. 色度（color）

对水体有以下要求：

（1）各种水体不应有为美学目的而产生令人厌恶颜色的物质。

（2）生活供水水源的色度不应超过75个铂钴色度单位。

（3）由于色度的增加（与浊度共同作用）所减少的水中植物进行光合作用所需要的补偿点深度不应超过水生生物季节性标准的10%。

水体的色度基本上是由水体在自然环境中的降解过程造成的。虽然胶态的铁锰有时也是造成水体色度的原因，但是最普遍的原因则是由天然有机物的分解所产生的络合有机化合物所致。有机物的来源包括土壤的腐殖质（如丹宁酸、腐殖酸、腐殖酸盐等）、腐烂的浮游生物以及其他腐烂的水生植物；制浆、造纸和鞣革等工业的排水中也有类似化合物。另有一些工业（例如纺织和化工）废水可排放出各种具有色度的污染物。

地表水体也可因含有构成浊度的悬浮物而显出颜色，这种色度被称为表观色度，它与由胶体和溶解性物质所构成的真正色度不同。

5. 硬度（hardness）

水的硬度是由溶于水中的多价金属离子形成的。在淡水中，虽然其他的金属离子，如铁、锶和锰的浓度也可达到一定量，但硬度基本上仍由钙离子、镁离子形成。硬度一般用碳酸钙（$CaCO_3$）的浓度来表示。一种常用的水体硬度等级分类见表 2.1。

表 2.1　　　　　　　　　　水 体 硬 度 等 级 分 类

浓度（以 $CaCO_3$ 计）/（mg/L）	分　类	浓度（以 $CaCO_3$ 计）/（mg/L）	分　类
0～75	极软水	450～700	高硬水
75～150	软水	700～1000	超高硬水
150～300	中硬水	＞1000	特硬水
300～450	硬水		

硬度的天然来源主要是含有可溶性二氧化碳的雨水中溶解的石灰石；工业以及与工业有关的来源包括无机化学工业排污以及正在开采和已废弃的矿山排水等。

经过处理后将用作生活供水的源水，其硬度不但是一个表明总溶解性固体含量的参数，而且是进行石灰-苏打软化用药量计算的参数，因而十分有用。尚未证实硬度与人体健康是否有关，因此，最终要达到何种硬度主要是从经济上权衡的。由于水中硬度可以用石灰-苏打软化、沸石软化、离子交换或反渗透等方法去除，因此，对公共供水的水源提出硬度的标准没有什么实际意义。

硬度对淡水鱼和其他水生生物的影响与形成硬度的离子有关，而不是与硬度大小有关。

6. 水温（water temperature）

水温是一个重要的物理参数。在某种程度上，水温从多方面制约着水的使用效益。水温是一种催化剂、抑制剂、刺激剂、控制剂、扼杀剂，是对水体中的生物最具重要性和最有影响的水质特征值之一。与水环境相关联的生物不论在什么地方，其群落组成和活动无不受到水温的制约。由于这些生物基本上都属于"变温"动物，因此水温调节着它们的新陈代谢和生存繁殖能力。

由于水温影响着水体中的自净现象，因而也就影响着水体的感官和卫生质量。水温上升，会加速水体上层以及底泥中有机物的生物降解，从而加大了水体溶解氧的需要量。而随着水温的上升，氧的溶解度减小。需氧量增大而氧源却不断减少，就可能使溶解氧全部耗尽，从而产生令人讨厌的水体腐化现象。

肠道指示菌（可能还有肠道病原体）同样受到水温的影响。随着水温的上升，总大肠菌和粪便大肠菌均在环境中很快地死去。

水温对水处理工艺也有影响。实践表明，较低水温会导致铝盐混凝速度变慢和絮体粒径减小，从而影响随后的沉淀或快滤效果，在5℃之下尤为显著。水温下降还会降低氯消毒的效率。根据一些有关投氯量与水温关系的研究，在采用30min的接触时间时，当温度从20℃下降至10℃时，为达到相同的消毒效果，投氯量需增加3倍。

水温上升会使导致气味的化合物挥发性增强，因而也会加重水体的气味。浮游生物造成的气味问题也会加剧。

7. pH值

天然水中的pH值是对各种溶解的化合物、盐类和气体所达到的酸-碱平衡的度量。在天然水中对pH值起调节作用的主要是碳酸盐系统。它包括二氧化碳、碳酸、重碳酸根和碳酸根离子。

pH值是天然水体中化学系统和生物系统的一个重要因子。弱酸或弱碱的解离程度均受pH值变化的影响。许多化合物的形态都受到解离程度的影响，所以弱酸或弱碱的解离非常重要。水的pH值不随外加酸或碱而发生显著变化的能力称为缓冲能力。缓冲能力受存在的碱度和酸度的量所控制。

用作公共供水水源的pH值是很重要的。水源pH值不适当，不但会对供水管道和设施产生腐蚀，也会影响水处理工艺（如混凝和加氯消毒）的处理效果。水厂设备的腐蚀和配水管网的侵蚀会导致昂贵的维修费用，并向水中引入诸如铜、铅、锌和镉等金属离子。pH值保持在适当的水平可给输水管网提供一个碳酸钙的保护层，它能防止金属管的腐蚀。一般说来，pH值在7以上，接近于8.3为最好，该点是重碳酸/碳酸盐的最大缓冲处。

由于在水处理前和处理过程中pH值均易于调节，因此，作为公共供水水源的水可允许的pH值范围相当宽。pH值为6.5~9.0的水均可用常规的水厂工艺（混凝、沉淀、过滤和氯消毒）处理。

8. 溶解性固体和盐度（dissolved solids and salinity）

溶解性固体和总溶解性固体一般是在淡水系统中使用的术语，包括无机盐、少量有机物和溶质。在大多数情况下，总溶解盐含量和盐度这两个术语是同义语。水体溶解的主要无机阴离子包括碳酸根、碳酸氢根、氯离子、硫酸根、硝酸根、亚硝酸根（主要是在地下水中）等；主要阳离子是钠离子、钾离子、钙离子和镁离子等。

当饮水中含有过量的溶解性固体时，可能产生生理影响，使饮水具有矿物涩口的味道，并且会对输配水管网和水处理设备产生腐蚀或需要额外的处理费用。

与溶解性固体直接相关的生理作用包括主要由硫酸钠和硫酸镁造成的轻度腹泻作用和钠对某些心脏病患者和毒血症孕妇的不良作用。有调查表明，当饮用水中硫酸盐含量为 $1000\sim1500$mg/L 时，62% 的饮用人员有轻度腹泻；当硫酸盐含量为 $200\sim500$mg/L 时，有近 25% 的饮用人员出现不适。数据表明，250mg/L 是保障用户饮水的氯化物合理浓度的最大值。

9. 固体（悬浮的、可沉降的）和浊度 [solids (suspended, settleable) and turbidity]

悬浮的和可沉降的固体是描述水中含有无机的和有机的颗粒物的术语。

无论是城市供水还是工业用水，悬浮的固体和浊度都是十分重要的参数。进入配水系统的饮用水的浊度不得大于一个浊度单位。这个限度值是基于健康要求而定的，因为浊度与氯的消毒效果密切相关。悬浮物质给微生物提供了一个不和氯消毒剂接触的庇护场所。美国现行的《国家饮用水水质标准》（2009 年颁布）中微生物学标准共有 7 项，把浊度列入微生物学指标主要是从控制微生物风险的角度来考虑，而不仅仅是考虑感官性状。

10. 化学耗氧量（COD_{Mn}）

天然水体中的化学耗氧量又称为高锰酸盐指数，表示水体中有机物在高锰酸钾 $KMnO_4$ 的作用下氧化过程所消耗的氧化剂的量，为评价水体中的有机物污染物的一项综合指标。

化学耗氧量高意味着水体中含有较多还原性物质，其中主要是有机污染物。水体生物自净功能消耗了过多的溶解氧，导致水体滋生微生物，甚至产生厌氧状态，导致水体产生恶臭。同时，一些有机污染物常有致癌、致畸形、致突变的作用，因此，化学耗氧量是衡量水质的重要化学指标之一。

11. 农药

农药指用于预防、控制或者消灭危害农业、林业的病害、虫害、草害和其他有害生物，有目的地调节植物、昆虫生长的化学合成的或者来源于生物、其他天然物质的一种或者几种物质的混合物及其制剂。农药按来源可分为矿物源农药（无机化合物）、化学合成农药（有机合成农药）和生物源农药；按防治对象可分为杀虫剂、杀菌剂、除草剂、植物生长调节剂、杀鼠剂、杀螨剂、杀线虫剂等。

目前农药已成为农业生产中的重要生产资料。然而，农药是有毒化学品，可对农业生产环境及农产品造成直接污染；同时随着食物链的传递，又可间接地污染食品以至破坏生态平衡，对农业生产和人类健康等产生危害。在水体中限制其浓度，是保护人体健康的必要手段。如欧盟现行标准《饮用水水质指令》（98/83/EC）相对于原有的标准来说，单项农药和总农药质量浓度（$0.1\mu g/L$ 和 $0.5\mu g/L$）

维持不变，但对个别种类农药的质量浓度（0.03μg/L）更加严格。随着新的人工合成的农药品种的增加，其相应指标项目也在不断增加。

12. 重金属离子

重金属是指比重大于 5 的金属（密度大于 4.5g/cm³ 的金属）。重金属污染与其他有机化合物的污染不同，重金属不能被生物降解，而且具有生物累积性，可以直接威胁高等生物（包括人类）。

重金属在人体内能和蛋白质及各种酶发生强烈的相互作用，使它们失去活性；也可能在人体的某些器官中富集，如果超过人体所能耐受的限度，会使人体急性中毒、亚急性中毒、慢性中毒等，对人体造成很大的危害。例如，日本发生的水俣病（汞污染）和骨痛病（镉污染）等公害病都是由重金属污染引起的。因此，在饮用水水质标准中，根据不同重金属的毒性，设定了相应的限值。

2.2 国际生活饮用水卫生标准分析

在世界范围内，世界卫生组织（WHO）提出的《饮用水水质准则》、美国环境保护局（USEPA）颁布的《国家饮用水水质标准》和欧洲联盟（EC）理事会制定的《饮用水水质指令》，是具有权威影响的三个饮用水水质标准。

2.2.1 WHO《饮用水水质准则》

WHO 在 1958 年、1963 年和 1971 年分别发布了 3 版《饮用水国际标准》。1983—1984 年，WHO《饮用水水质准则》第 1 版出版，是《饮用水国际标准》的延续。该版本中规定了 31 项水质指标，其中有 2 项微生物指标，27 项具有健康意义的化学指标（包括 9 项无机物，18 项有机物），2 项放射性指标，准则中对上述指标给出了安全指导限值；此外，有 12 项水质指标为感官性状指标，准则中给出了感官阈值。

第 2 版《饮用水水质准则》的出版时间为 1993—1997 年，该版本分建议书（1993 年）、健康标准及其他相关信息（1996 年）、公共供水的监控（1997 年）等 3 卷。该版本准则规定了 157 项水质指标，其中包括 2 项微生物指标、124 项具有健康意义的化学指标（包括 24 项无机物，31 项有机物，41 项农药，28 项消毒剂及消毒副产物）、2 项放射性指标，此外还有 31 项感官性状指标。从 1995 年起，准则通过滚动修订保持其内容不断更新，并定期出版附录，附录中包含补充或替换前版内容的信息以及准则筹备发展中关键议题的专家评论。1996 年、1998 年对第 2 版的修订中增加了微囊藻毒素等重要指标。1998 年、1999 年和 2002 年分别出版了附录，包括化学污染物和微生物等内容。

第 3 版《饮用水水质准则》的出版时间为 2004 年。该版本对确保饮用水安全的要求进行了阐述，其中介绍了最低要求水平的确定程序和特定准则值以及准则值的运用等内容。根据微生物危险性评价及有关风险管理的研究进展，对确保微生物安全性的方法进行了修订。该版本包含 25 项致病微生物指标（可致介水传播疾病）、143 项具有健康意义的化学指标（包括 94 项确定准则值的指标，49 项尚未建立准则值的指标）、3 项放射性指标，此外还给出了 30 项感官性状指标。该版本是我国现行《生活饮用水卫生标准》（GB 5749—2006）制定的主要参考依据。

　　第 4 版《饮用水水质准则》于 2011 年 7 月在新加坡发布。该版准则整合了第 3 版准则以及分别于 2006 年和 2008 年出版的第 1 附录和第 2 附录，取代了准则的早期版本。该版准则列出了 28 项致病微生物指标（可致介水传播疾病），列出了 162 项具有健康意义的化学指标（包括 90 项建立了准则值的指标，72 种没有建立准则值的指标）、2 项放射性指标，此外，给出了 26 项感官性状指标。第 4 版《饮用水水质准则》的第 1 次修订版于 2017 年发布。修订版根据新的资料对第 4 版准则进行了修改，并提供更详细的说明。各版本中饮用水污染物指标数量情况见表 2.2。

表 2.2　　　　　　　　WHO 各版本《饮用水水质准则》水质指标数量

版　本	发布时间/年	微生物指标	化学指标	放射性指标	感官指标
第 1 版	1983—1984	2	27	2	12
第 2 版	1993—1997	2	124	2	31
第 3 版	2004	25	143[a]	3	30
第 4 版	2011	28	162[a]	2	26
第 4 版第 1 次修订版	2017	28	165[a]	2	26

a　包括已建立准则值和尚未建立准则值的指标，不包括经评估后认为不需要建立准则值的指标。

　　WHO《饮用水水质准则》（第 4 版）对水质指标进行了修订。在微生物指标方面，该版准则共评估了 19 种致病菌、7 种病毒、11 种原生动物、4 种蠕虫、有毒蓝藻和 8 类对微生物安全有指示作用的指示微生物；该版准则中列出了可能导致介水传播疾病的致病微生物指标有 28 项，其中细菌 12 项、病毒 8 项、原虫 6 项、寄生虫 2 项，但并未给出指导值，只是从健康影响、感染源、暴露途径等方面进行了阐述。在化学指标方面，该准则共评估了 187 种化学物，其中 25 种农药类物质由于很少在饮用水中出现被认为不需要进行准则值推导；72 种化学物质因现有资料不足或饮用水存在的浓度水平低于可影响健康的浓度水平而没有建立准则值；90 种有健康意义的化学物质已经建立了准则值。在放射性方面，主要包括辐射暴露来源及健康影响、筛查水平和准则水平的设定原则，溶解性放射核素的监测与评价，饮用水中常见放射性同位素的准则水平、分析方法和补救措施、风险公告等。准则给出了总 α 活度和总 β 活度的筛查水平。由于饮用水中的氡 90% 的辐射剂量来自吸入，而不是摄入，该版准则认为饮用水中的氡摄入水平设定筛查值和准则值不是十分必要。在水质的可接受性方面，主要指味道、气味和外观，包括相关的生物性、化学性污染物、温度以及相关水质处理技术等，该准则给出了 26 项感官性状指标的推荐阈值。

该版准则对水安全计划的原理作了更详细的阐述并细化了实施步骤，包括系统评价、运行监测和控制措施、验证、管道供水系统的管理、社区和家庭供水的管理、文件记录和信息交流、定期的回顾总结等，进一步强调了有关各方在确保饮用水安全中的重要作用。该版准则对气候变化、雨水收集、海水淡化等一些特殊情况下的供水管理提出了一些指导性意见。准则主要内容包括引言、实施准则的概念框架、安全饮用水框架、特殊情况下准则的应用和支持信息等。支持信息包括微生物、化学、放射性和可接受性等指标的详细介绍。

2017 年，WHO 发布了《饮用水水质准则》（第 4 版）的第 1 次修订版。修订版根据新的资料对第 4 版准则进行了修改，并提供更详细的说明。第 1 次修订版的主要更新内容包括：更新或者修订部分指标的风险评估内容，更新或修订部分指标准则值或健康指导值。主要指标修订情况包括：钡的准则值由 0.7mg/L 修订为 1.3mg/L；灭草松未建立准则值，但给出健康指导值（0.5mg/L）；对二氧化氯、氯酸盐和亚氯酸盐的资料进行了修订，二氧化氯未建立准则值，给出味阈值（0.2~0.4mg/L）；列表新增敌敌畏，未建立准则值，给出健康指导值（0.02mg/L）、急性健康指导值（3mg/L）；列表新增三氯杀螨醇，未建立准则值，给出健康指导值（0.01mg/L）、急性健康指导值（6mg/L）；敌草快未建立准则值，给出健康指导值（0.03mg/L）、急性健康指导值（20mg/L）；提供了铅风险管理和监测方面的指南；2-甲-4-氯苯氧基乙酸（MCPA）删除原准则值（0.002mg/L），给出健康指导值（0.7mg/L）、急性健康指导值（20mg/L），目前未建立准则值；对硝酸盐和亚硝酸盐的资料进行了修订；列表新增高氯酸盐，建立准则值（0.07mg/L）。同时还提供了关于微生物风险评估的新指南，整合全面的水处理方法和微生物检测方法，建立多重屏障防范微生物污染。

2.2.2 USEPA《国家饮用水水质标准》

美国早在 1914 年就颁布了首个具有现代意义的饮用水水质标准《公共卫生署饮用水水质标准》，并进行了四次修订。美国早期的水质标准对供水行业不具有全国性的法律约束力。在《安全饮用水法》（SDWA）颁布之前，美国尚无适用于全国饮用水供水行业的有关水质标准方面的国家立法。1974 年，美国国会通过了《安全饮用水法》。该法案是专门为保障居民饮用水安全而制定的。《安全饮用水法》建立了地方、州和联邦进行合作的框架，要求所有饮用水标准、法规的建立必须以保证用户的饮用水安全为目标。该法案于 1986 年和 1996 年进行了两次修订。

《安全饮用水法》赋予 USEPA 制定饮用水水质标准的权力。USEPA 于 1975 年首次发布具有强制性的《国家饮用水一级标准》（NPDWRs）、于 1979 年发布非强制性的《国家饮用水二级标准》（NSDWRs）。之后水质标准在安全饮用水法及其修正案规定的框架下不断进行修订。

USEPA 在《安全饮用水法》1996 年修正案框架下对国家饮水标准开展研究及持续修订工作，自 2006 年以来其一级标准修订情况见表 2.3。

表 2.3　　　　　　　　美国《国家饮用水一级标准》修订情况统计

公布时间	相 关 法 规	修订方式及数量	详细指标
2006 年 1 月	LT2 增强地表水处理规则	修订 1 项	隐孢子虫
2006 年 1 月	消毒和消毒副产物标准第二阶段	修订 2 项	HAA5
			TTHMs
2006 年 11 月	地下水规则	地下水水源微生物污染指标	大肠埃希菌
			肠球菌
			大肠杆菌噬菌体
2007 年 10 月	铜铅法案	修订 2 项	铅
			铜
2009 年 10 月	航空公司饮水标准	航空器饮水微生物污染指标	总大肠菌群
2013 年 2 月	修订的总大肠菌标准（RTCR）	修订 2 项	总大肠菌群
			大肠埃希菌

　注　HAA5 为一氯乙酸（MCAA），二氯乙酸（DCAA），三氯乙酸（TCAA），一溴乙酸（MBAA），二溴乙酸（DBAA）；TTHMs：总三卤甲烷。

据统计，美国《国家饮用水一级标准》中给出的污染物指标限值或者处理技术的指标为 87 项，近年来指标总数没有变化。修订指标主要集中在微生物指标、消毒副产物指标和重金属指标等。

基于《安全饮用水法》1996 年修正案的要求，美国现行《国家饮用水一级标准》制定了两个浓度值：污染物最大浓度目标值（MCLGs）和污染物最大浓度值（MCLs）。

MCLGs 值的确定只考虑在该浓度下不会对人体产生任何已知的或可能的健康影响，该限值作为目标值，不要求强制执行。其制定过程中不考虑经济因素，即不考虑达到该浓度值所需的成本。而 MCLs 是强制性指标，它尽可能地接近 MCLGs。在制定 MCLs 时要考虑成本-收益分析、最佳可行性技术和检测分析方法等因素。

现行的美国《国家饮用水一级标准》的 87 项指标中，有机物 53 项，无机物 16 项，微生物 7 项，放射性 4 项，消毒副产物 4 项，消毒剂 3 项。一级标准中规定的微生物学指标有隐孢子虫、贾第鞭毛虫、军团菌、病毒等，这些指标在其他国家水质标准中比较少见。美国把浑浊度也列入微生物学指标中，反映了对浑浊度相关属性在认识上的改变。美国在 20 世纪 70 年代初就开展了饮水消毒副产物相关研究，认识到了消毒副产物的健康风险。美国水质标准对氯、二氧化氯和氯胺等消毒剂以及三卤甲烷、卤乙酸、亚氯酸盐、溴酸盐等消毒副产物提出了浓度限值和控制要求。

现行的美国饮用水水质标准中非强制性的 NSDWRs 共 15 项。二级标准主要针对水中会对容貌（皮肤、牙齿）或感官（如色、臭、味）产生影响的污染物（包括铝、氯化物、色度、铜、氟化物、味、pH 值等）确定了浓度限值。

2.2.3 欧盟《饮用水水质指令》

欧盟于 1980 年发布《饮用水水质指令》（80/778/EEC），该指令是欧洲各国制定本国水质标准的主要依据，其中包括微生物指标、毒理学指标、一般理化指标、感官指标等项目。大部分项目同时设定了指导值和最大允许浓度。

1991 年，欧盟成员国供水协会对《饮用水水质指令》（80/778/EC）的实施情况进行总结。1995 年，欧盟对 80/778/EC 开始进行修订。1998 年 11 月通过了新的《饮用水水质指令》（98/83/EC）。该版水质指令中污染物指标数量从 66 项减少至 48 项，包括 2 项微生物学指标，26 项化学指标，2 项放射性指标，18 项感官性状等指标。该版水质指令强调了与 WHO《饮用水水质准则》的一致性。该指令还针对瓶装或桶装饮用水设定了相关指标。

2015 年 10 月 7 日，欧盟（EU）发布 2015/1787 号法规，修订 98/83/EC 的附录Ⅱ和附录Ⅲ，并要求于 2017 年 10 月 27 日起各成员国的法律、法规、行政规章必须符合该指令要求。

98/83/EC 的附录Ⅱ和附录Ⅲ制定了饮用水监测要求和参数的分析方法技术说明等内容。新发布的（EU）2015/1787 号法规主要是对此部分内容进行修订。98/83/EC 中各污染物指标限值目前仍然适用。附录Ⅱ的主要修订内容如下：98/83/EC 的附录Ⅱ在进行监测时监测频次的设定给予一定程度的灵活性，可以根据实际情况调整监测频率，但要说明所处的特定环境条件和监测方法的适用范围。自 2004 年以来，WHO 已经开发了水安全计划，该计划基于风险评估和风险管理的原则，这些原则已在《饮用水水质准则》中制定，附录Ⅱ应该与 WHO 的这些指导方针要求相一致。为控制对人群的健康风险，监测方案应该确保覆盖整个供水系统并考虑到饮用水水源，要建立保护区登记。对于测得浓度很少超标的指标，可以灵活掌握监测频率，节约成本，减少工作量，同时又不会危害公众健康或其他利益。应允许欧盟成员国减少监测项目，须提供可信的基于 WHO 饮用水水质准则的风险评估。98/83/EC 附录Ⅱ不再适用于出售的瓶装水和桶装水（包装水），也不再适用于放射性物质监测。

附录Ⅲ的主要修订内容如下：98/83/EC 附录Ⅲ中的实验室分析方法应该按照国际认可的程序或基于标准的方法，尽量使用被验证的分析方法。分析方法验证与国际接轨，引入最低定量检测浓度和测量不确定度的验证指标。欧盟成员国可以在有限时间内允许继续使用 98/83/EC 附录Ⅲ下的准确度、精密度和检出限等验证指标，从而为实验室提供足够的时间来适应这种技术进步。

大量关于微生物参数分析的 ISO 标准已经建立起来。这些新标准和技术发展应在 98/83/EC 附录Ⅲ中有所体现。为了评估 98/83/EC 附录Ⅲ中所列方法的替代法的等效性，成员国应该允许使用标准 EN ISO17994。该标准是微生物检测方法的等效性的标准。

2.3　我国生活饮用水卫生标准

我国卫生部 2006 年发布了《生活饮用水卫生标准》（GB 5749—2006），代替《生活饮用水卫生标准》（GB 5749—85）。本标准与 GB 5749—85 相比水质指标由 35 项增加至 106 项，增加了 71 项，修订了 8 项。

（1）微生物指标由 2 项增至 6 项，增加了大肠埃希氏菌、耐热大肠菌群、贾第鞭毛虫和隐孢子虫；修订了总大肠菌群。

（2）饮用水消毒剂由 1 项增至 4 项，增加了一氯胺、臭氧、二氧化氯。

（3）毒理指标中无机化合物由 10 项增至 21 项，增加了溴酸盐、亚氯酸盐、氯酸盐、锑、钡、铍、硼、钼、镍、铊、氯化氰；并修订了砷、镉、铅、硝酸盐。

（4）毒理指标中有机化合物由 5 项增至 53 项，增加了甲醛、三卤甲烷、二氯甲烷、1，2-二氯乙烷、1，1，1-三氯乙烷、三溴甲烷、一氯二溴甲烷、二氯一溴甲烷、环氧氯丙烷、氯乙烯、1，1-二氯乙烯、1，2-二氯乙烯、三氯乙烯、四氯乙烯、六氯丁二烯、二氯乙酸、三氯乙酸、三氯乙醛、苯、甲苯、二甲苯、乙苯、苯乙烯、2，4，6-三氯酚、氯苯、1，2-二氯苯、1，4-二氯苯、三氯苯、邻苯二甲酸二（2-乙基己基）酯、丙烯酰胺、微囊藻毒素-LR、灭草松、百菌清、溴氰菊酯、乐果、2，4-滴、七氯、六氯苯、林丹、马拉硫磷、对硫磷、甲基对硫磷、五氯酚、莠去津、呋喃丹、毒死蜱、敌敌畏、草甘膦；修订了四氯化碳。

（5）感官性状和一般化学指标由 15 项增至 20 项，增加了耗氧量、氨氮、硫化物、钠、铝；修订了浑浊度。

（6）放射性指标中修订了总 α 放射性。

具体指标见表 2.4～表 2.7。

表 2.4　　　　　　　　　　水质常规指标及限值

指　　　　标	限　　值
1. 微生物指标[a]	
总大肠菌群/(MPN/100mL 或 CFU/100mL)	不得检出
耐热大肠菌群/(MPN/100mL 或 CFU/100mL)	不得检出
大肠埃希氏菌/(MPN/100mL 或 CFU/100mL)	不得检出
菌落总数/(CFU/mL)	100
2. 毒理指标	
砷/(mg/L)	0.01
镉/(mg/L)	0.005
铬（六价）/(mg/L)	0.05
铅/(mg/L)	0.01
汞/(mg/L)	0.001
硒/(mg/L)	0.01
氰化物/(mg/L)	0.05
氟化物/(mg/L)	1.0
硝酸盐(以 N 计)/(mg/L)	10； 地下水源限制时为 20
三氯甲烷/(mg/L)	0.06
四氯化碳/(mg/L)	0.002
溴酸盐（使用臭氧时）/(mg/L)	0.01
甲醛（使用臭氧时）/(mg/L)	0.9
亚氯酸盐（使用二氧化氯消毒时）/(mg/L)	0.7
氯酸盐（使用复合二氧化氯消毒时）/(mg/L)	0.7
3. 感官性状和一般化学指标	
色度/(铂钴色度单位)	15

续表

指　　标	限　　值
浑浊度（散射浊度单位）/NTU	1； 水源与净水技术条件限制时为 3
臭和味	无异臭、异味
肉眼可见物	无
pH 值	不小于 6.5 且不大于 8.5
铝/(mg/L)	0.2
铁/(mg/L)	0.3
锰/(mg/L)	0.1
铜/(mg/L)	1.0
锌/(mg/L)	1.0
氯化物/(mg/L)	250
硫酸盐/(mg/L)	250
溶解性总固体/(mg/L)	1000
总硬度（以 $CaCO_3$ 计）/(mg/L)	450
耗氧量（COD_{Mn}法，以 O_2 计）/(mg/L)	3； 水源限制，原水耗氧量大于 6mg/L 时为 5
挥发酚类（以苯酚计）/(mg/L)	0.002
阴离子合成洗涤剂/(mg/L)	0.3
4. 放射性指标[b]	指导值
总 α 放射性/(Bq/L)	0.5
总 β 放射性/(Bq/L)	1

a MPN 表示最可能数；CFU 表示菌落形成单位。当水样中检出总大肠菌群时，应进一步检验大肠埃希氏菌或耐热大肠菌群；水样中未检出总大肠菌群，不必检验大肠埃希氏菌或耐热大肠菌群。

b 放射性指标超过指导值时，应进行核素分析和评价，判定能否饮用。

表 2.5　　　　　　　　　饮用水消毒剂常规指标及要求

消 毒 剂 名 称	与水接触时间	出厂水中限值/(mg/L)	出厂水中余量/(mg/L)	管网末梢水中余量/(mg/L)
氯气及游离氯制剂（游离氯）	≥30min	4	≥0.3	≥0.05
一氯胺（总氯）	≥120min	3	≥0.5	≥0.05
臭氧（O_3）	≥12min	0.3		0.02； 如加氯， 总氯≥0.05
二氧化氯（ClO_2）	≥30min	0.8	≥0.1	≥0.02

表 2.6 　　　　　　　　　　　　　**水质非常规指标及限值**

指　　标	限　　值
1. 微生物指标	
贾第鞭毛虫/(个/10L)	<1
隐孢子虫/(个/10L)	<1
2. 毒理指标	
锑/(mg/L)	0.005
钡/(mg/L)	0.7
铍/(mg/L)	0.002
硼/(mg/L)	0.5
钼/(mg/L)	0.07
镍/(mg/L)	0.02
银/(mg/L)	0.05
铊/(mg/L)	0.0001
氯化氰（以 CN⁻ 计）/(mg/L)	0.07
一氯二溴甲烷/(mg/L)	0.1
二氯一溴甲烷/(mg/L)	0.06
二氯乙酸/(mg/L)	0.05
1，2-二氯乙烷/(mg/L)	0.03
二氯甲烷/(mg/L)	0.02
三卤甲烷（三氯甲烷、一氯二溴甲烷、二氯一溴甲烷、三溴甲烷的总和）	该类化合物中各种化合物的实测浓度与其各自限值的比值之和不超过1
1，1，1-三氯乙烷/(mg/L)	2
三氯乙酸/(mg/L)	0.1
三氯乙醛/(mg/L)	0.01
2，4，6-三氯酚/(mg/L)	0.2
三溴甲烷/(mg/L)	0.1
七氯/(mg/L)	0.0004
马拉硫磷/(mg/L)	0.25
五氯酚/(mg/L)	0.009
六六六（总量)/(mg/L)	0.005
六氯苯/(mg/L)	0.001
乐果/(mg/L)	0.08
对硫磷/(mg/L)	0.003

指　　标	限　　值
灭草松/(mg/L)	0.3
甲基对硫磷/(mg/L)	0.02
百菌清/(mg/L)	0.01
呋喃丹/(mg/L)	0.007
林丹/(mg/L)	0.002
毒死蜱/(mg/L)	0.03
草甘膦/(mg/L)	0.7
敌敌畏/(mg/L)	0.001
莠去津/(mg/L)	0.002
溴氰菊酯/(mg/L)	0.02
2，4 -滴/(mg/L)	0.03
滴滴涕/(mg/L)	0.001
乙苯/(mg/L)	0.3
二甲苯/(mg/L)	0.5
1，1 -二氯乙烯/(mg/L)	0.03
1，2 -二氯乙烯/(mg/L)	0.05
1，2 -二氯苯/(mg/L)	1
1，4 -二氯苯/(mg/L)	0.3
三氯乙烯/(mg/L)	0.07
三氯苯（总量）/(mg/L)	0.02
六氯丁二烯/(mg/L)	0.0006
丙烯酰胺/(mg/L)	0.0005
四氯乙烯/(mg/L)	0.04
甲苯/(mg/L)	0.7
邻苯二甲酸二（2 -乙基己基）酯/(mg/L)	0.008
环氧氯丙烷/(mg/L)	0.0004
苯/(mg/L)	0.01
苯乙烯/(mg/L)	0.02
苯并（a）芘/(mg/L)	0.00001
氯乙烯/(mg/L)	0.005
氯苯/(mg/L)	0.3
微囊藻毒素 -LR/(mg/L)	0.001

指　　标	限　　值
3. 感官性状和一般化学指标	
氨氮（以 N 计）/(mg/L)	0.5
硫化物/(mg/L)	0.02
钠/(mg/L)	200

表 2.7　　　小型集中式供水和分散式供水部分水质指标及限值

指　　标	限　　值
1. 微生物指标	
菌落总数/(CFU/mL)	500
2. 毒理指标	
砷/(mg/L)	0.05
氟化物/(mg/L)	1.2
硝酸盐（以 N 计）/(mg/L)	20
3. 感官性状和一般化学指标	
色度/(铂钴色度单位)	20
浑浊度（散射浊度单位)/NTU	3； 水源与净水技术条件限制时为 5
pH 值	不小于 6.5 且不大于 9.5
溶解性总固体/(mg/L)	1500
总硬度（以 $CaCO_3$ 计）/(mg/L)	550
耗氧量（COD_{Mn} 法，以 O_2 计）/(mg/L)	5
铁/(mg/L)	0.5
锰/(mg/L)	0.3
氯化物/(mg/L)	300
硫酸盐/(mg/L)	300

采用地表水作为生活饮用水水源时应符合《地表水环境质量标准》（GB 3838）的要求。采用地下水作为生活饮用水水源时应符合《地下水质量标准》（GB/T 14848）要求。集中式供水单位的卫生要求应按照卫生部《生活饮用水水源水质标准》（CJ 3020—93）执行。

二次供水的设施和处理要求应按照《二次供水设施卫生规范》（GB 17051）执行。

处理生活饮用水采用的絮凝、助凝、消毒、氧化、吸附、pH 值调节、防锈、阻垢等化学处理不应污染生活饮用水，应符合《饮用水化学处理剂卫生安全性评价》（GB/T 17218）的要求。

生活饮用水的输配水设备、防护材料和水处理材料不应污染生活饮用水，应符合《生活饮用水输配水设备及防护材料的安全性评价标准》（GB/T 17219）的要求。

供水单位的水质非常规指标选择由当地县级以上供水行政主管部门和卫生行政部门协商确定。城市集中式供水单位水质检测的采样点选择、检验项目和频率、合格率计算按照《城市供水水质标准》（CJ/T 206）执行。

供水单位水质检测结果应定期报送当地卫生行政部门，报送水质检测结果的内容和办法由当地供水行政主管部门和卫生行政部门商定。

当饮用水水质发生异常时应及时报告当地供水行政主管部门和卫生行政部门。

各级卫生行政部门应根据实际需要定期对各类供水单位的供水水质进行卫生监督、监测。当发生影响水质的突发性公共事件时，由县级以上卫生行政部门根据需要确定饮用水监督、监测方案。卫生监督的水质监测范围、项目、频率由当地市级以上卫生行政部门确定。

生活饮用水水质检验应按照《生活饮用水标准检验方法》（GB/T 5750—2006）执行。

2.4　集中式生活饮用水水源地水质标准

集中式生活饮用水水源地（centralized drinking water source）指进入输水管网送到用户和具有一定取水规模（供水人口大于 1000 人）的在用、备用和规划水源地。具体指标要求见表 2.8～表 2.10。

表 2.8　　　　　　　　地表水环境质量标准基本项目标准限值　　　　　单位：mg/L

序号	项　目		水　质　分　类				
			Ⅰ类	Ⅱ类	Ⅲ类	Ⅳ类	Ⅴ类
1	水温/℃		人为造成的环境水温变化应限制如下： 周平均最大温升不大于 1； 周平均最大温降不大于 2				
2	pH 值（无量纲）		6～9				
3	溶解氧	≥	饱和率 90% （或 7.5）	6	5	3	2
4	高锰酸盐指数	≤	2	4	6	10	15
5	化学需氧量（COD）	≤	15	15	20	30	40

续表

序号	项目		水 质 分 类				
			I 类	II 类	III 类	IV 类	V 类
6	五日生化需氧量（BOD_5）	≤	3	3	4	6	10
7	氨氮（NH_3-N）	≤	0.15	0.5	1.0	1.5	2.0
8	总磷（以 P 计）	≤	0.02（湖、库，0.01）	0.1（湖、库，0.025）	0.2（湖、库，0.05）	0.3（湖、库，0.1）	0.4（湖、库，0.2）
9	总氮（湖、库，以 N 计）	≤	0.2	0.5	1.0	1.5	2.0
10	铜	≤	0.01	1.0	1.0	1.0	1.0
11	锌	≤	0.05	1.0	1.0	2.0	2.0
12	氟化物（以 F^- 计）	≤	1.0	1.0	1.0	1.5	1.5
13	硒	≤	0.01	0.01	0.01	0.02	0.02
14	砷	≤	0.05	0.05	0.05	0.1	0.1
15	汞	≤	0.00005	0.00005	0.0001	0.001	0.001
16	镉	≤	0.001	0.005	0.005	0.005	0.01
17	铬（六价）	≤	0.01	0.05	0.05	0.05	0.1
18	铅	≤	0.01	0.01	0.05	0.05	0.1
19	氰化物	≤	0.005	0.05	0.2	0.2	0.2
20	挥发酚	≤	0.002	0.002	0.005	0.01	0.1
21	石油类	≤	0.05	0.05	0.05	0.5	1.0
22	阴离子表面活性剂	≤	0.2	0.2	0.2	0.3	0.3
23	硫化物	≤	0.05	0.1	0.2	0.5	1.0
24	粪大肠菌群/（个/L）	≤	200	2000	10000	20000	40000

表 2.9　　　　集中式生活饮用水地表水源地补充项目标准限值　　　单位：mg/L

序　号	项　目	标　准　值
1	硫酸盐（以 SO_4^{2-} 计）	250
2	氯化物（以 Cl^- 计）	250
3	硝酸盐（以 N 计）	10
4	铁	0.3
5	锰	0.1

表 2.10　　　　集中式生活饮用水地表水源地特定项目标准限值　　　单位：mg/L

序号	项　目	标准值	序号	项　目	标准值
1	三氯甲烷	0.06	33	2，4，6-三硝基甲苯	0.5
2	四氯化碳	0.002	34	硝基氯苯⑤	0.05
3	三溴甲烷	0.1	35	2，4-二硝基氯苯	0.5
4	二氯甲烷	0.02	36	2，4-二氯苯酚	0.093
5	1，2-二氯乙烷	0.03	37	2，4，6-三氯苯酚	0.2
6	环氧氯丙烷	0.02	38	五氯酚	0.009
7	氯乙烯	0.005	39	苯胺	0.1
8	1，1-二氯乙烯	0.03	40	联苯胺	0.0002
9	1，2-二氯乙烯	0.05	41	丙烯酰胺	0.0005
10	三氯乙烯	0.07	42	丙烯腈	0.1
11	四氯乙烯	0.04	43	邻苯二甲酸二丁酯	0.003
12	氯丁二烯	0.002	44	邻苯二甲酸二（2-乙基己基）酯	0.008
13	六氯丁二烯	0.0006	45	水合肼	0.01
14	苯乙烯	0.02	46	四乙基铅	0.0001
15	甲醛	0.9	47	吡啶	0.2
16	乙醛	0.05	48	松节油	0.2
17	丙烯醛	0.1	49	苦味酸	0.5
18	三氯乙醛	0.01	50	丁基黄原酸	0.005
19	苯	0.01	51	活性氯	0.01
20	甲苯	0.7	52	滴滴涕	0.001
21	乙苯	0.3	53	林丹	0.002
22	二甲苯①	0.5	54	环氧七氯	0.0002
23	异丙苯	0.25	55	对硫磷	0.003
24	氯苯	0.3	56	甲基对硫磷	0.002
25	1，2-二氯苯	1.0	57	马拉硫磷	0.05
26	1，4-二氯苯	0.3	58	乐果	0.08
27	三氯苯②	0.02	59	敌敌畏	0.05
28	四氯苯③	0.02	60	敌百虫	0.05
29	六氯苯	0.05	61	内吸磷	0.03
30	硝基苯	0.017	62	百菌清	0.01
31	二硝基苯④	0.5	63	甲萘威	0.05
32	2，4-二硝基甲苯	0.0003	64	溴氰菊酯	0.02

序号	项　目	标准值	序号	项　目	标准值
65	阿特拉津	0.003	73	铍	0.002
66	苯并（a）芘	2.8×10^{-6}	74	硼	0.5
67	甲基汞	1.0×10^{-6}	75	锑	0.005
68	多氯联苯⑥	2.0×10^{-5}	76	镍	0.02
69	微囊藻毒素-LR	0.001	77	钡	0.7
70	黄磷	0.003	78	钒	0.05
71	钼	0.07	79	钛	0.1
72	钴	1.0	80	铊	0.0001

① 二甲苯指对-二甲苯、间-二甲苯、邻-二甲苯。

② 三氯苯指1，2，3-三氯苯、1，2，4-三氯苯、1，3，5-三氯苯。

③ 四氯苯指1，2，3，4-四氯苯、1，2，3，5-四氯苯、1，2，4，5-四氯苯。

④ 二硝基苯指对-二硝基苯、间-二硝基苯、邻-二硝基苯。

⑤ 硝基氯苯指对-硝基氯苯、间-硝基氯苯、邻-硝基氯苯。

⑥ 多氯联苯指 PCB-1016、PCB-1221、PCB-1232、PCB-1242、PCB-1248、PCB-1254、PCB-1260。

2.5　水质参数测定方法

本节仅介绍污染物的常用分析测试技术。

2.5.1　化学分析法

化学分析法是以化学反应为基础的分析方法，分为重量分析法和容量分析法（滴定分析法）两种。

1. 重量分析法

重量分析法是用适当方法先将试样中的待测组分与其他组分分离，转化为一定的称量形式，用称量的方法测定该组分的含量的分析方法。重量分析法主要用于水中悬浮固体、残渣、油类等项目的测定。

2. 容量分析法

容量分析法是将一种已知准确浓度的溶液（标准溶液）滴加到含有被测物质的溶液中，根据化学计量定量反应完全时消耗标准溶液的体积和浓度，计算出被测组分的含量的分析方法。根据化学反应类型的不同，容量分析法分为酸碱滴定法、配位滴定法、沉淀滴定法和氧化还原滴定法4种。容量分析法主要用于水中酸碱度、氨氮、化学需氧量、生化需氧量、溶解氧、S^{2-}、Cr^{6+}、氰化物、氯化物、硬度、酚等的测定。

2.5.2　仪器分析法

仪器分析法是利用被测物质的物理或物理化学性质进行分析的方法。例如，利用物质的光学性质、电化学性质进行分析。由于这类分析方法一般需要使用精密仪器，因此称为仪器分析法。

1. 光谱法

光谱法是根据物质能发射、吸收辐射能，通过测定辐射能的变化，确定物质的组成和结构的分析方法。光谱法主要有以下几种：

（1）可见和紫外吸收分光光度法。可见和紫外吸收分光光度法利用具有某种颜色的溶液对特定波长的单色光（可见光或紫外光）有选择性地吸收，且溶液对该波长光的吸收能力（吸光度）与溶液的色泽深浅（待测物质的含量）成正比，即符合朗伯-比尔定律。在水质分析中可用可见和紫外吸收分光光度法测定许多污染物如砷、铬、镉、铅、汞、锌、铜、酚、硒、氟化物、硫化物、氰化物等。尽管近年来各种新的分析方法不断出现，但可见和紫外吸收分光光度法、原子吸收分光光度法、气相色谱法和电化学分析法仍为环境监测中的四大主要分析方法。

（2）原子吸收分光光度法（AAS）。原子吸收分光光度法是利用处于基态待测物质原子的蒸气对光源辐射出的特征谱线有选择性地吸收的一种方法，其光强减弱的程度与待测物质的含量符合朗伯-比尔定律。该方法能满足微量分析和痕量分析的要求，在水质分析中被广泛应用。到目前为止可以测定 70 多种元素，如镉、汞、砷、铅、锰、钴、铬、铜、锌、铁、铝、锶、钒、镁等。

（3）原子发射光谱法（AES）。气态原子受激发时发射出该元素原子所固有的特征辐射光谱，原子发射光谱法是根据测定的波长谱线和谱线的强度对元素进行定性和定量分析的一种方法。由于近年来等离子体新光源的应用，等离子体发射光谱法（ICP-AES）发展很快，已用于水体中多元素的同时测定。

（4）原子荧光光谱法（AFS）。原子荧光光谱法是根据气态原子吸收辐射能，从基态跃迁至激发态，再返回基态时产生紫外光、可见荧光，通过测量荧光强度对待测元素进行定性、定量分析的一种方法。原子荧光光谱法对锌、镉、镁等具有很高的灵敏度。

（5）红外吸收光谱法。红外吸收光谱法是根据物质对红外区域辐射的选择吸收，对物质进行定性、定量分析的方法。应用该原理已制成了油类等专用监测仪器。

（6）分子荧光光谱法。分子荧光光谱法是根据物质的分子吸收紫外光、可见光后所发射的荧光进行定性、定量分析的方法。通过测量荧光强度可以对许多痕量有机和无机组分进行定量测定。在水质分析中主要用于强致癌物质——苯并[a]芘、硒、铵、油类等项目的测定。

2. 电化学分析方法

电化学分析方法是利用物质的电化学性质，以电极为转换器，将被测物质的浓度转化成电化学参数（电导、电流、电位等）再加以测量的分析方法。

（1）电导分析法。电导分析法是通过测量溶液的电导（电阻）来确定被测物质含量的方法，用于水质监测中电导率的测定。

（2）电位分析法。电位分析法是将指示电极和参比电极与试液组成化学电池，通过测定电池电动势（或指示电极电位），利用能斯特公式直接求出待测物质浓（活）度的分析方法。电位分析法已广泛应用于水质中 pH 值、氟化物、氰化物、氨氯、溶解氧等项目的测定。

（3）库仑分析法。库仑分析法是通过测定电解过程中消耗的电量（库仑数），求出被测物质含量的分析方法，可用于测定水质中化学耗氧量和生化需氧量。

（4）伏安和极谱法。伏安和极谱法是用微电极电解被测物质的溶液，根据所得到的电流-电压（或电极电位）极化曲线测定物质含量的方法，可用于测定水质中铜、锌、镉、铅等重金属离子。

3. 色谱分析法

色谱分析法是一种多组分混合物的分离、分析方法。它根据混合物在互不相溶的两相（固定相与流动相）中分配系数的不同，利用混合物中的各组分在两相中溶解-挥发、吸附-脱附性能的差异，达到分离的目的。

（1）气相色谱分析。气相色谱分析是采用气体作为流动相的色谱分析法，在水质分析中常用于苯、二甲苯、多氯联苯、多环芳烃、酚类、有机氯农药、有机磷农药等有机污染物的分析。

（2）液相色谱分析。液相色谱分析是采用液体作为流动相的色谱分析法，可用于高沸点、难气化、热不稳定的物质，如多环芳烃、农药、苯并[a]芘等的分析。

（3）离子色谱分析。离子色谱分析采用离子交换树脂作为固定相，以含酸、碱、盐的水溶液作为流动相（淋洗液），用电导法进行监测。此法可用于分离分析离子或可解离的化合物。一次进样可同时测定多种成分：阴离子，如 F^-、Cl^-、Br^-、NO_2^-、NO_3^-、SO_3^{2-}、SO_4^{2-}、$H_2PO_4^-$；阳离子，如 K^+、Na^+、NH_4^+、Ca^{2+}、Mg^{2+} 等。离子色谱分析是目前水溶液中阴离子分析的最佳方法。

（4）气相色谱-质谱（GC－MS）法。该方法把具有高分离效率的色谱仪与具有准确鉴定和定量测定能力的质谱仪结合于一体，可以对复杂环境样品中的微量组分进行定性和定量分析。

2.5.3　生物检测技术

生物检测技术是利用生物个体、种群或群落对环境污染及其随时间变化所产生的反应来显示环境污染状况。例如，利用水生生物受到污染物毒害所产生的生理机能（如鱼的血脂活力）变化测试水质污染状况等。这是一种最直接也是一种综合的方法。生物检测包括测定生物体内污染物的含量；观察生物在环境中受伤害症状、生物的生理生化反应、生物群落结构和种类变化等。

环境内分泌干扰物的分布广泛，种类繁多，不仅成为人类健康的潜在威胁因素，也威胁到生物种族的存亡。环境内分泌干扰物的检测方法包括化学方法和生物学方法两大类。化学方法适用于已知内分泌干扰物，生物学方法适用于针对多个内分泌干扰物的综合毒性。

1. 在环境样品生物毒性方面的应用

生物检测技术研究在不同污染物或环境样品作用下生物体内各种指标的变化，如基因表达的上调或下抑、蛋白合成的改变、细胞的增殖甚至组织的病变等，通过检测这些生物学指标的改变能够评价某化合物或环境样品的内分泌干扰活性，反映污染可能对生物体带来的危害。与仪器分析测试方法相比，生物检测方法具有操作简单、快速、经济、高效的优点，并且能够直接测定环境样品的内分泌干扰活性，表征潜在的生态和健康毒性。

目前已经建立了大量的生物毒性测试方法，用以筛选经 ER 介导的类/抗雌激素化合物，并对环境化合物以及复杂环境样品的类/抗雌激素效应进行评估。例如，传统的细胞增殖方法基于特定的富含 ER 的细胞系（如 MCF-7、T47D 和 ZR-75）具有雌激素依赖性增殖的特点，对环境样品进行检测。此外还建立了利用报告基因检测 ER 介导反应的方法，应用最广泛的是转染了 ERE 及荧光素酶报告基因的 MCF-7 细胞方法、采用含荧光素酶报告基因的人宫颈癌细胞 HeLa 及卵巢癌细胞 BG-1[24] 的方法。还有文献报道转染绿色染料蛋白（GFP）报告基因的 MCF-7 细胞方法。

重组雌激素受体基因酵母方法将 β-半乳糖苷酶或荧光素酶基因和 ER 同时转入酵母细胞，用于雌激素活性物质的筛选。检测抗雌激素效应通常采用与类雌激素效应相同的方法，不同的是抗雌激素效应需要添加 E2，同时暴露，通过 E2 介导效应的减弱来测试其抗雌激素效应。鉴于越来越多的雄激素干扰物被发现，雄激素干扰现象引起了科学家们广泛的关注，建立起越来越多的生物毒性测试方法。Hershberger 测试是评价雄激素效应最广泛应用的方法。此测试在被阉割的大鼠中进行，化合物或环境样品暴露处理 4~10d，检测大鼠腹部及背外侧前列腺、精囊腺、阴茎、肛提肌等的质量。活体实验通常还采用检测血清中的雄激素水平的方法筛选雄激素干扰化合物。

体外测试方法中较为常用的是前列腺癌细胞（如 PC3）增殖实验，原理是 PC3 细胞中富含 AR，因此该细胞具有雄激素依赖性增殖的特点。一些学者还建立了 PC3 细胞和胸腺癌细胞 T47D 细胞标记荧光素酶基因的方法，用以检测环境类/抗雄激素化合物。此外，重组 AR 基因杂交酵母方法也被开发出来。与雌激素干扰物筛选方法相比，对雄激素干扰物的筛选方法种类和数量都偏少，研究明显处于起步阶段，且由于国际上缺乏统一、确定的标准而无法得到一致的结果。一些重要的环境污染物，如 PAHs 和 PCBs 的体外毒性测试证明，这些污染物在 μmol/L 水平即可表现出抗雄激素活性，但是这些化合物的作用模式至今还不清楚。

关于检测甲状腺激素干扰效应的生物毒性测试方法的报道相对较少。目前常用的生物活体检测方法主要是测定暴露动物或人体血清中甲状腺激素水平并观察生物体甲状腺组织学改变。另一种方法是检测与 T4 竞争性结合甲状腺激素结合蛋白的能力，用以评价外源化合物可能对甲状腺激素转运的影响。对 TR 干扰作用的考察，主要采用大鼠垂体瘤细胞 GH3 的增殖测试，该细胞系富含 TR，具有甲状腺激素依赖性的增殖活性。此外，大鼠甲状腺瘤细胞系 FRTL-5、WRT、PCC13 也被用于检测甲状腺干扰效应的细胞增殖试验。李剑等将 TR 及其共激活因子的 DNA 片段整合到质粒中，并转染酵母细胞，同时表达质粒上还带有能编码 β-半乳糖苷酶的报告基因 LacZ。在这个系统中，与甲状腺激素或甲状腺激素干扰物结合后的受体复合物能与转录因子和其他转录成分反应，以此来调节基因的转录，引起报告基因 LacZ 的表达。

2. 在生态风险预警方面的应用

在我国，水质污染造成了许多区域的水体中底栖动物的种类明显减少，生物多样性遭到破坏。当务之急是制定出符合我国实际情况的底栖动物测试技术系统和水体沉积物生物毒性或生物效应的评价方法和评价标准，发展受污染水域水体沉积物的综合评价方法。

近年来，在分子生态毒理学研究领域取得了许多重大进展，基于生物标记物方法建立的生态风险早期预警体系正在形成。因为无论污染物对生物个体或生态系统影响的复杂性或最终影响如何，最初的影响必然是从个体分子水平上开始，借助分子毒理学、生物信息学和合适的计算模型，可以预测污染物在细胞、器官、个体各个水平上的效应。生物标记物方法的发展和应用，一方面有助于直接评价毒性效应，通过分析具有不同毒性特征的污染物类型，获得致毒因子信息；另一方面，生物标记物通常具有专属性或具有相同的作用方式，因此可以采用毒性当量的方法来确定已知污染物对毒性效应的贡献，如用乙酰胆碱酯酶抑制测试来识别有机磷农药，用 SOS/umu 等测试来检测遗传毒性物质，用金属硫蛋白来检测金属离子污染，用重组酵母细胞测试核受体干扰效应，用鼠肝癌细胞系（H4IIE）测试芳烃受体效应等。

在线生物监测是利用水中生物运动行为的改变来判断水质条件是否发生剧烈变化。大面积水源水体在正常环境情况下的水质基本稳定，因此生物行为改变可能反映的是污染事故。此时，生物行为反应是生物各种生理现象在外部出现有毒物质时的综合结果，可能是死亡，或某些亚致死剂量下行为学变化。因此，生物运动行为的变化可以起到警示作用。

采用标准试验生物大型蚤（daphnia magna）作为受试生物。该水生动物主要利用枝角运动，对水体内突发性化学物质组成的变化非常敏感。过去的工作已经证明，大型蚤在水体突发性有机磷污染时行为变化十分敏感，是在线生物监测合适的受试生物。在此基础上，继续考察了国内具有代表性的几种农药包括百菌清（有机氯农药）、除草醚（有机醚农药）以及溴氰菊酯（菊酯类农药）对大型蚤运动行为变化的影响，通过与标准参比水（standard reference water，SRW）内大型蚤运动行为的差分滤除，结果表明，在不同浓度百菌清、除草醚和溴氰菊酯的作用下，大型蚤的运动行为强度会发生剧烈变化，并呈现明显的剂量-效应关系。在一定浓度的农药暴露中，暴露生物的行为强度在经历一个短暂的突增后，会随暴露时间增加而逐步减弱。因此，通过监测大型蚤运动相对行为变化，可以实现对百菌清、除草醚和溴氰菊酯农药污染事故的在线生物监测，为在线生物监测技术在突发污染事故中的实际应用提供基础数据和理论支持。

任宗明等研究了大型蚤在不同浓度有机磷农药作用下的行为变化规律，结果表明不同浓度对硫磷、马拉硫磷和敌百虫条件下，大型蚤的运动行为会发生剧烈变化，其强度随水中有机磷农药的浓度和暴露时间增加而逐步减弱；即使在这三种有机磷农药的水相浓度远低于《地表水环境质量标准》（GB 3838—2002）的情况下，仍然可以观察到大型蚤运动行为的改变，因此可以对突发性有机磷农药污染事故实现安全预警。

Umu 试验（又称为 SOS/umu 试验）是 1985 年由 Oda 等根据 DNA 损伤时诱导 SOS 反应而表达 umuC 基因这一基本原理建立并发展起来的检测环境诱变物的短期筛选试验。该方法具有快速、敏感、廉价等优点，且结果和目前大多数水厂检测致突变性采用的 Ames 实验吻合性很好。目前，德国等发达国家的相关环境部门已将 SOS/umu 试验作为检测水中遗传毒性效应的方法，并制定了相应的标准。1997 年，国际标准化组织（International Organization for Standardization，ISO）将 umu 方法确立为该标准体系中唯一用于监测环境水样遗传毒性的标准方法。

SOS/umu 测试系统是基于 DNA 损伤物诱导 SOS 反应而表达 umuC 基因的能力，在鼠伤寒沙门菌 Salmonella typhimurium TA 1535 中导入携带 umuC-LacZ 嵌合体的特异性质粒 PSK1002，该质粒携带 umu 操纵子、umuD 基因和umuC-LacZ 融合基因的启动子及四环素和氯霉素耐药基因，新构建的细菌称为

S. typhimurium TA 1535/PSK 1002。umuC 基因在正常情况下被 LexA 基因产物——阻遏蛋白所封闭，一旦环境污染物使细菌的 DNA 受损，细菌即产生 SOS 反应，菌体 RecA 基因产物被激活，成为具有活性的蛋白水解酶，此酶可切除阻遏蛋白，使受封闭的 umuC 操纵子启动，并带动 umuC - LacZ 融合基因转录、翻译，表达出有 β-半乳糖苷酶活性的融合蛋白。通过检测该酶被诱导的活性即可判断受试物引起 DNA 损伤的程度。

李娜等应用 SOS/umu 生物毒性测试评价了北方某市自来水厂的 4 套试验工艺在不同的季节（冬春两季）各工艺段出水的遗传毒性效应。结果显示，冬春两季地表水加氯后遗传毒性效应均显著增加，冬季间接遗传毒性效应高于春季；活性炭吸附对去除遗传毒性物质效果显著，但后期加氯使遗传毒性效应增加；冬春两季比较，以及地下水和地表水比较，各工艺出水的遗传毒性效应差别很大。应用 SOS/umu 生物毒性测试能够快速、准确地对水厂工艺过程中致突变物质的处理效果进行评价。

言野等建立了测试周期可小于 8h（2h 预培养，4.5h 暴露培养）的 SOS/umu 快速测定方法，对 5 种典型遗传毒性物质，4 -硝基喹啉 1 -氧化物（4 - NQO）、丝裂霉素 C（MMC）、甲磺酸甲酯（MMS）、2 -氨基蒽（2 - AA）和苯并芘（BaP）进行测定，改进后的 SOS/umu 方法对 4 - NQO、MMC、MMS、2 -AA 和 BaP 的检测限分别为（0.013 ± 0.0031）$\mu mol/L$、（0.031 ± 0.0028）$\mu mol/L$、（229.18 ± 60.51）$\mu mol/L$、（2.29 ± 1.22）$\mu mol/L$ 和（1.28 ± 0.0698）$\mu mol/L$，优于或者相当于报道方法。采用经典方法和改进后的方法对全国 2 个地区 6 个环境水样的遗传毒性进行测定，结果表明，两种方法检测出的 6 个环境水样的遗传毒性强度无显著性差异。

2.5.4　测定方法的选择

正确选择监测分析方法是获得难确结果的关键因素之一，其选择原则应遵循：灵敏度和准确度能满足测定要求，方法成熟，抗干扰能力好，操作简便。为使监测数据具有可比性，国际标准化组织（ISO）和各国在大量实践的基础上，对各类水体中的不同污染物质都编制了规范化的监测分析方法。我国对各类水体中不同污染物质的监测分析方法分为三个层次：A 层次方法为国家或行业标准方法，成熟性和准确度好，是评价其他监测分析方法的基准方法，也是环境污染纠纷法定的仲裁方法；B 层次方法为统一方法，是已经过多个单位实验验证，但尚欠成熟的方法，在使用中不断完善，为上升为国家标准方法创造条件；C 层次方法为等效方法，方法的灵敏度、精密度、准确度与 A、B 层次方法具有可比性，或者是一些先进的新方法，但必须经过方法验证和对比试验。

随着科学技术的发展，监测技术和方法正在向仪器化、自动化、在线连续自动监测和由湿法分析转为干法分析的方向发展，并在实际工作中得到了广泛应用。表 2.11 列出了《水和废水监测分析方法》（第四版）中各类监测分析方法测定项目。

表 2.11　　　　　　　　　各类监测分析方法测定项目

方　法	测　定　项　目
重量法	悬浮物、溶解性固体物、矿化度、硫酸盐化速率、石油类
容量法	酸度、碱度、溶解氧、CO_2、总硬度、Ca^{2+}、Mg^{2+}、氨氰、Cl^-、CN^-、S^{2-}、COD、BOD_5、高锰酸盐指数、游离氯和总氯、挥发酚等
分光光度法	Ag、As、Be、Ba、Co、Cr、Cu、Hg、Mn、Ni、Pb、Fe、Sb、Zn、Th、U、B、P、氨氮、NO_2^-、NO_3^-、凯氏氮、总氮、F^-、CN^-、SO_4^{2-}、S^{2-}、游离氯和总氯、浊度、挥发酚、甲醛、三氯乙醛、苯胺类、硝基苯类、阴离子表面活性剂、石油类等
原子吸收光谱法	K、Na、Ag、Ca、Mg、Be、Ba、Cd、Cu、Zn、Ni、Pb、Sb、Fe、Mn、Al、Cr、Se、In、Ti、V、S^{2-}、SO_4^{2-}、Hg、As 等
电感耦合等离子体原子发射光谱法	K、Na、Ca、Mg、Ba、Be、Pb、Zn、Ni、Cd、Co、Fe、Cr、Mn、V、Al、As 等
气相分子吸收光谱法	NO_2^-、NO_3^-、氨氮、凯氏氮、总氮、S^{2-} 等
离子色谱法	F^-、Cl^-、NO_2^-、SO_4^{2-}、HPO_4^{2-}、PO_4^{3-} 等
电化学法	电导率、E_b、pH、DO、酸度、碱度、F^-、Cl^-、Pb、Ni、Cu、Cd、Mo、Zn、V、COD、BOD、可吸附有机卤化物、总有机卤化物等
气相色谱法	苯系物、挥发性卤代烃、挥发性有机物、三氯乙醛、五氯酚、氯苯类、硝基苯类、六六六、滴滴涕、有机磷农药、阿特拉津、丙烯腈、丙烯醛、元素磷等
高效液相色谱法	多环芳烃、酚类、苯胺类、邻苯二甲酸酯类、阿特拉津等
气相色谱-质谱法	挥发性有机物、半挥发性有机物、苯系物、二氯酚和五氯酚、邻苯二甲酸酯和己二酸酯、有机氯农药、多环芳烃、二噁英类、多氯联苯、有机锡化合物等
非色散红外吸收法	总有机碳、石油类等
荧光光谱法	苯并［a］芘等
比色法和比浊法	I^-、F^-、色度、浊度等
生物监测法	浮游生物测定、着生生物测定、底栖动物测定、鱼类生物调查、初级生产力测定、细菌总数测定、总大肠菌群测定、粪大肠菌群测定、沙门氏菌属测定、粪链球菌测定、生物毒性试验、Ames 试验、姐妹染色体互换（SCE）试验、植物微核试验等

　　水质监测项目分为 3 类，包括天然水体的水化学成分、污染情况的水化学成分和用于其他目的的水化学成分。饮用水和地表水监测项目均按照法律规定，包含必测项目和选测项目。必测项目是监测的基本要求，应保持相对稳定。

　　分析方法的选用应根据样品类型、污染物含量一级方法适用范围等确定。分析方法的选择遵循以下原则：①国家或行业标准分析方法；②等效参照使用 ISO 分析方法或其他国际公认的分析方法；③经过验证的新方法，其精密度、灵敏度和准确度不得低于常规方法。亦可遵照国家卫生部发布的《生活饮用水标准检验方法》（GB/T 5750—2006）。

参 考 文 献

［1］　世界卫生组织. 饮用水水质准则：第四版［M］. 上海市供水调度监测中心，上海交通大学，译. 4 版. 上海：上海交通大学出版社，2014.

［2］　于建伟，郭召海，杨敏，等. 嗅味层次分析法对饮用水中嗅味的识别［J］. 中国给水排水，2007，23（8）：79-83.

［3］　于建伟，李宗来，曹楠，等. 无锡市饮用水嗅味突发事件致嗅原因及潜在问题分析［J］. 环境科学学报，2007，27（11）：1771-1777

［4］　美国环境保护局. 水质评价标准［M］. 水利电力部水质试验研究中心《水质评价标准》编译组，译. 北京：水利电力出版社，1991.

［5］　何晓青，程莉，朱轶，等. 饮用水中病原微生物检测方法与评价标准［J］. 黑龙江农业科学，2010（7）：111-113.

［6］　梁红. 环境监测［M］. 武汉：武汉理工大学出版社，2003.

［7］　曾光明，黄瑾辉. 三大饮用水水质标准指标体系及特点比较［J］. 中国给水排水. 2003，19（7）：30-32.

［8］　奚旦立，孙裕生. 环境监测［M］. 4 版. 北京：高等教育出版社，2010.

［9］　洪林，肖中新，蒯圣龙，等. 水质监测与评价［M］. 北京：中国水利水电出版社，2010.

［10］　李剑，马梅，王子健. 环境内分泌干扰物的作用机理及其生物检测方法［J］. 环境监控与预警，2010，2（3）：18-25.

［11］　TAHEDL H，HADER D P. Fast examination of water quality using the automatic biotest ECOTOX based on the movement behavior of a freshwater flagellate［J］. Water Research，1999，33（2）：426-432.

［12］　李剑，崔青，马梅，等. 应用重组孕激素基因酵母测定饮用水中内分泌干扰物的方法［J］. 环境科学，2006，27（12）：2462-2466.

［13］　王东红，原盛广，马梅，等. 饮用水中有毒污染物的筛查和健康风险评价［J］. 环境科学学报，2007，27（12）：1937-1943.

［14］　孟紫强. 环境毒理学基础［M］. 北京：高等教育出版社，2003.

[15] 李永峰，王兵，应杉，等. 环境毒理学研究技术与方法 [M]. 哈尔滨：哈尔滨工业大学出版社，2011.

[16] 邹晓平，杨丽，秦红，等. 农村男性接触有机磷农药对精液质量影响的研究 [J]. 中国计划生育学杂志，2005 (8)：476-478.

[17] SCHWAB K，BRACK W. Large volume TENAX extraction of the bioaccessible fraction of sediment - associated organic compounds for a subsequent effect - directed analysis [J]. Journal of Soils and Sediments，2007，7 (3)：178-186.

[18] 任宗明，付荣恕，王子健，等. 饮用水中余氯对大型蚤的急性和慢性毒性 [J]. 给水排水，2005，31 (4)：26-28.

[19] 任宗明，马梅，王子健. 饮用水生产中突发性有机磷农药污染事故的在线生物监测 [J]. 给水排水，2006，32 (2)：17-20.

[20] 任宗明，马梅，查金苗，等. 在线生物监测技术用于典型农药突发性污染的研究 [J]. 给水排水 2007，33 (3)：20-23.

[21] ODA Y，NAKAMURA S，OKI I，et al. Evaluation of the new system (umu - test) for the detection of environmental mutagens and carcinogens [J]. Mutation Research，1985，147 (5)：219-229.

[22] SCHMITT M，GELLERT G，LICHTENBERG - FRATE H. The toxic potential of an industrial effluent determined with the Sac - charomyces cerevisiae - based assay [J]. Water Research，2005，39 (14)：3211-3218.

[23] 李娜，骆坚平，饶凯锋，等. 用 SOS/Umu 生物测试评价北方某自来水厂对遗传毒性物质的去除效果 [J]. 环境工程学报，2007，1 (11)：10-16.

[24] 言野，李娜，刘楠楠，等. 利用改进的 SOS/umu 方法检测水处理过程中污染物的遗传毒性效应 [J]. 生态毒理学报，2013，8 (6)：909-916.

[25] 任珺，王刚. 城市饮用水水质评价与分析：以兰州市城市饮用水为例 [M]. 北京：中国环境科学出版社，2008.

[26] 高圣华，赵灿，叶必雄，等. 国际饮用水水质标准现状及启示 [J]. 环境与健康杂志，2018，35 (12)：1094-1099.

[27] 崔妍，刘莹，田卓. 国内外饮用水水质标准中微生物指标的比较综述 [J]. 食品安全质量检测学报，2015，6 (7)：2573-2580.

[28] 中华人民共和国卫生部，中国国家标准化委员会. 生活饮用水卫生标准：GB 5749—2006 [S]. 北京：中国标准出版社，2007.

[29] 张振伟，鄂学礼. 世界卫生组织《饮水水质准则》研究进展 [J]. 环境与健康杂志，2012，29 (3)：275-277.

[30] 李宗来，宋兰合. WHO《饮用水水质准则》第四版解读 [J]. 给水排水，2012，38 (7)：9-13.

[31] WHO. Guidelines for drinking - water quality [R]. 3rd ed，2004.

[32] 国家环境保护总局《水和废水监测分析方法》编委会. 水和废水监测分析方法 [M]. 4 版. 北京：中国环境科学出版社，2002.

第 3 章

水环境质量评价方法

水环境质量评价可采用文字分析描述和数学方法。在文字分析描述中，有时可采用检出率、超标率等统计值；数学方法则较多，本章将详细介绍。单项评价以国家、地方的有关法规、标准为依据，评定与估价各评价项目的单个质量参数。多项因子环境质量评价应为综合评价，评价因子也应择其重点。

3.1 水环境质量评价指数法

水环境质量包括水质、底质质量和水的生物学质量。本节通过分别叙述水质、底质质量和水的生物学质量评价的指数方法来介绍水环境质量指数的计算方法。

3.1.1 水质评价

水质评价指数法的出发点是根据水质组分浓度相对于其环境质量标准的大小来判断水的质量状况。

1. 算术平均值法

计算水质指数的公式为

$$p_1 = \frac{1}{n} \sum_{i=1}^{n} \frac{C_i}{S_i} \quad (i=1, 2, \cdots, n) \tag{3.1}$$

式中　p_1——水质指数；

　　C_i——第 i 种污染物的实测浓度，mg/L；

　　S_i——第 i 种污染物的环境评价标准；

　　n——参加评价的污染物的种类数。

实际水域水质评价中，通常包括多个水质评价因子，如 pH 值、电导率、悬浮物、COD_{Cr}、BOD_5、DO、酚、氰化物、砷、六价铬、铅、汞等。按 p_1 的大小，根据水体及其所在区域自然地理和社会经济特征，可划分出当地地面水环境质量分级标准。

2. 加权平均法

加权平均法考虑水体中各种污染物的污染贡献大小（权重），计算公式为

$$p_2 = \sum_{i=1}^{n} w_i I_i \quad (i=1, 2, \cdots, n) \tag{3.2}$$

$$I_i = C_i / S_i \tag{3.3}$$

$$w_i = \frac{I_i}{\sum_{i=1}^{n} I_i} \tag{3.4}$$

式中　p_2——水质指数；

　　　I_i——第 i 种污染物的分指数；

　　　w_i——第 i 种污染物的权重值。

3.1.2　底质质量评价

底质质量评价是水环境质量评价中的一个重要内容。它的评价方法大致与水质评价方法相同，可以用指数法或其他方法进行。但在计算底质的污染物分指数时，由于缺乏底质质量的评价标准，因此，通常是在进行评价区土壤中有害物质自然含量调查的基础上，计算底质污染物的分指数。其计算公式为

$$I_i = \frac{C_i}{L_i} \tag{3.5}$$

式中　I_i——底质中第 i 种污染物的分指数；

　　　C_i——底质中第 i 种污染物的实测值；

　　　L_i——评价区土壤中第 i 种污染物的自然含量上限，L_i 可以采用在未受或少受污染的地区各采样点各有害物质的自然含量的平均值加两倍标准离差进行计算。

在求出底质污染物分指数后，可以用计算水质指数的方法进行底质质量指数的综合，并根据底质质量指数进行底质分级。

3.1.3　水的生物学质量评价

水的生物学质量评价也是水环境质量评价的一个重要组成部分，是从生物学角度研究受污染水体，包括河流、湖泊、水库和海域中的生物的结构与功能，以及发生和演变规律，以便了解污染水环境中生物之间、生物与污染环境之间的相互关系。换句话说，水的生物学质量评价是从生物学角度了解水体受污染的程度与水生生物遭受危害的状况，为水体污染控制提供科学依据。

1. 污水生物体系法

污水生物体系也称为 Kolkwitz 和 Marsson 体系。污水生物体系法是水的生物学质量评价的一种方法，是根据水体受污染后形成的特有生物群落进行水污

染生物学评价。污水生物体系法以指示生物为基础。被有机物污染的河流，由于自净过程，自上游往下游形成一系列的连续带，每一带都有自己的物理、化学和生物学特征，出现不同的生物种类，依此提出了污水生物体系。这样可用此方法来判断河流被有机物污染的程度。污水生物体系各污染带的化学和生物特征见表3.1。

表 3.1　　　　　　　　　污水生物体系各污染带的化学和生物特征

特征	多污带	α—中污带	β—中污带	寡污带
化学过程	腐败现象引起还原和分解作用明显开始	水和底泥中出现氧化作用	到处进行着氧化作用	氧化使矿化作用达到完成阶段
溶解氧/(mg/L)	全无	有一些，2～6	较多，6～8	很多，>8
BOD$_5$/(mg/L)	很高，>10	高，5～10	较低，2.5～5	低，<2.5
硫化氢的形成	有强烈的硫化氢气味	硫化氢气味消失	无	无
水中有机物	有大量高分子有机物	高分子有机物分解产生胺酸	很多脂肪酸胺化合物	有机物全部分解
底泥	往往有黑色硫化铁存在，故常呈黑色	在底泥中硫化铁氧化成氢氧化铁，故不呈黑色		底泥大部分已氧化
水中细菌	大量存在，每毫升水达 100 万个以上	很多，每毫升水达 10 万个以上	数量减少，每毫升水中在 10 万个以下	少，每毫升水中在 100 个以下
栖息生物的生态学特征	所有动物都是细菌摄食者；均能耐 pH 值的急剧变化；耐低溶解氧的厌气性生物，对硫化氢氨等毒性有强烈的抗性	以摄食细菌的动物占优势，还有肉食性动物，一般对溶解氧及 pH 值变化有高度适应性，尚能容忍氨，对 H$_2$S 耐性弱	对溶解氧及 pH 值变动适应性差，对腐败性毒无长时间耐性	对溶解氧和 pH 值的变动适应性很差，对 H$_2$S 等腐败性毒耐性极差
植物	无硅藻、绿藻、接合藻以及高等植物出现	藻类大量产生，有蓝藻、绿藻、接合藻及硅藻出现	硅藻、绿藻、接合藻的多种类出现，为鼓藻类主要分布区	水中藻类少，但着生藻类多
动物	以微型动物为主，原生动物占优势	微型动物占大多数	多种多样	多种多样

续表

特征	多污带	α—中污带	β—中污带	寡污带
原生动物	有变形虫、纤毛虫，但无太阳虫、双鞭毛虫及吸管虫	逐渐出现太阳虫、吸管虫，但无双鞭毛虫	太阳虫和吸管虫等中耐污性弱的种类出现，双鞭毛虫也出现	仅有少数鞭毛虫和纤毛虫
后生动物	仅有少数轮虫、蠕形动物、昆虫幼虫出现，水螅、淡水海绵、苔藓动物、小型甲壳类、贝类、鱼类在此不能生存	贝类、甲壳类、昆虫出现，但无淡水海绵及苔藓动物；鱼类中的鲤、鲫、鲶等可在此带栖息	淡水海绵、苔藓动物、水螅、贝类、小型甲壳类、两栖动物、鱼类均有多种出现	除各种动物外，昆虫幼虫种类极多

2. 生物指数法

根据生物种类的敏感性或种类组成情况来评价水环境质量的指数称为生物指数，如 Beck 于 1955 年提出的 Beck 生物指数。生物指数是根据生物对有机物的耐性，把从采样点采到的底栖大型无脊椎动物分成两大类，Ⅰ类是对有机物污染缺乏耐性的种类，Ⅱ类是对有机物污染有中等程度耐性的种类，利用它们来评价水体污染。Beck 生物指数计算公式为

$$BI = 2n_{I} + n_{II} \tag{3.6}$$

式中　BI——生物指数；

n_{I}——Ⅰ类动物种类数目；

n_{II}——Ⅱ类动物种类数目。

根据生物指数可以进行水环境质量分级，见表 3.2。

表 3.2　　　　　　　　根据生物指数进行水环境质量分级

BI	0	1~10	>10
污染分级	严重污染	中度污染	清洁

3. 群落多样性指数

根据生物群落的种类和个体数量评价水环境质量的指数称为群落多样性指数。群落多样性指数的计算公式很多，目前使用较多的是 Shinnon - Weaver 多样性指数。其计算公式为

$$\bar{d} = -\sum_{i=1}^{s} (n_i/N) \ln(n_i/N) \quad (i = 1, 2, \cdots, s) \tag{3.7}$$

或

$$\bar{d} = -\sum_{i=1}^{s} (n_i/N) \times 2.3026 \lg(n_i/N) \tag{3.8}$$

式中　n_i——单位面积上第 i 种生物的个体数；

N——单位面积上各类生物的总个体数；

s——生物种类数。

根据群落多样性指数进行水环境质量分级，见表 3.3。

表 3.3　　　　　　根据群落多样性指数进行水环境质量分级

$\bar{d}$	<1	1~3	>3
污染分级	严重污染	中度污染	清洁

3.2　水环境质量评价

3.2.1　水环境质量评价的原则与依据

1. 评价的原则

现状评价是水质调查的继续。评价水质现状主要采用文字分析与描述，并辅之以数学表达式。在文字分析与描述中，有时可采用检出率、超标率等统计值。数学表达式分两种：一种用于单项水质参数评价；另一种用于多项水质参数综合评价。单项水质参数评价简单明了，可以直接了解该水质参数现状与标准的关系，一般均可采用。多项水质参数综合评价只有调查的水质参数较多时方可应用。此方法只能了解多个水质参数的综合现状与相应标准的综合情况之间的某种相对关系。

2. 评价依据

水环境质量标准和有关法规及当地的环保要求是评价的基本依据。地表水环境质量标准应采用 GB 3838—2002 或相应的地方标准；地下水环境质量标准应采用 GB/T 14848—2017 或相应的地方标准；有些水质参数国内尚无标准，可参照国外或建议临时标准。所采用的国外标准应按国家生态环境部规定的程序报有关部门批准；评价区内不同功能的水域应采用不同类别的水质标准。

综合水质的分级应与 GB 3838—2002 中水域功能的分类一致，其分级判据与所采用的多项水质参数综合评价方法有关。

3. 水质评价的程序

水质评价工作是在水质监测的基础上进行的，其一般程序如下：

（1）确定评价标准。水质标准是水质评价的准则和依据。对同一水体，采用不同的标准会得出不同的结论。应根据评价水体的用途和评价目的选择合适的水质标准。

（2）搜集、整理、分析水质监测的数据和有关资料，包括水体环境背景值的调查、污染源调查与评价、水质监测。

（3）确定水质评价参数。确定评价参数就是确定评价因子，应根据评价目的和影响水质的主要污染物来确定评价参数。评价参数选择不当会直接影响到水质评价的结论，不能达到水质评价的目的。

（4）选择污染评价方法，建立水质评价数学模型。评价方法和水质模型都直接影响着评价结论的正确性，所以应正确选择。

（5）提出评价结论。根据计算结果进行水质等级划分，提出评价结论。

（6）绘制水质图。水质图可以直观地反映水质状况。基本的水质图一般包括流域位置图、水文地质状况图、污染源分布图、监测断面分布图、污染物含量等值线图、水体综合评价图等。

图 3.1 为水质评价程序示意图。

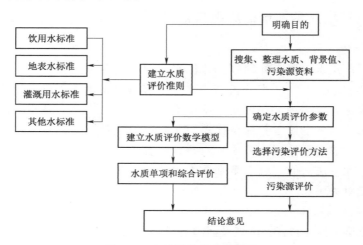

图 3.1　水质评价程序示意图

3.2.2　地表水环境质量评价

对水环境中单一环境质量因子进行的质量评价称为单因子评价；对多个环境质量因子进行的质量评价称为综合质量评价。采取水环境质量指数对水环境要素状态进行表征评定，是环境质量评价广泛使用的最基本的方法。

3.2.2.1　水质参数数值的确定

在单项水质参数评价中，一般情况下，某水质参数的数值可采用多次监测的平均值。但如果该水质参数变化甚大，为了突出高值的影响可采用内梅罗（N. L. Nemerow）平均值，或其他计算高值影响的平均值。内梅罗平均值的表达式为

$$C = \left(\frac{C_{\max}^2 + \bar{C}^2}{2} \right)^{\frac{1}{2}} \tag{3.9}$$

式中 C——污染物浓度，mg/L；

C_{max}——污染物多次监测的最大浓度，mg/L；

$\bar{C}$——污染物多次监测的平均浓度，mg/L。

3.2.2.2 单项水质参数评价方法

1. 单项评价

建议采用标准指数法。标准指数是指某一评价因子的实测浓度（或经过某种计算的取值）与选定标准值的比值。

单项水质参数 i 在第 j 点的标准指数为

$$I_{ij} = C_{ij}/C_{si} \tag{3.10}$$

式中 I_{ij}——(i, j) 点的污染物浓度或污染物 i 在预测点（可监测点）j 的标准指数；

C_{ij}——(i, j) 点的污染物浓度或污染物 i 在预测点（可监测点）j 的浓度，mg/L；

C_{si}——污染物 i 的水质标准值，mg/L。

这种对单一环境要素进行评价的指数 I 表示某种污染物在环境介质中的浓度超过环境质量标准的程度。

对于性质不同的污染物，其污染指数计算公式有所不同。

（1）对于随浓度增加而污染危害也增加的污染物，如酚、氰、COD 等，其污染指数计算公式为式（3.10）。

（2）对于随浓度增加而危害程度下降的污染物，如溶解氧等，其污染指数计算公式为

$$I_{DO,j} = \frac{|DO_f - DO_j|}{DO_f - DO_s} \quad (DO_j > DO_s) \tag{3.11}$$

$$I_{DO,j} = 10 - 9\frac{DO_j}{DO_s} \quad (DO_j < DO_s) \tag{3.12}$$

$$DO_f = 468/(31.6 + T) \tag{3.13}$$

式中 $I_{DO,j}$——溶解氧 DO 在预测点（可监测点）j 的标准指数；

DO_j——监测点或预测点（可监测点）j 处的 DO 浓度，mg/L；

DO_f——饱和溶解氧 DO 的浓度，mg/L；

T——水温，℃；

DO_s——DO 的水质标准，mg/L。

（3）对于具有最高允许浓度和最低浓度限制的污染物，pH 值的污染指数计算公式为

$$I_{pH,j} = \frac{7.0 - pH_j}{7.0 - pH_{ds}} \quad (pH_j \leqslant 7.0) \tag{3.14}$$

$$I_{pH,j} = \frac{pH_j - 7.0}{pH_{su} - 7.0} \quad (pH_j \geqslant 7.0) \tag{3.15}$$

式中　$I_{pH,j}$——pH 值在预测点（可监测点）j 的标准指数；

$\quad\quad$ pH_j——在监测点 j 或预测点（可监测点）j 处的 pH 值；

$\quad\quad$ pH_{ds}——水质标准中规定的 pH 值下限；

$\quad\quad$ pH_{su}——水质标准中规定的 pH 值上限。

当评价因子的标准指数小于 1 时，表明该水质因子满足选定的水质标准；当评价因子的标准指数大于 1 时，表明该水质因子超过了选定的水质标准，已经不能满足使用要求。

2. 污染物超标倍数法

污染物超标倍数法就是依据污染物超标倍数判别水体污染程度的一类方法。污染物超标倍数法计算评价指标 i 的超标倍数公式为

$$P_{ij} = \frac{C_{ij} - C_{si}}{C_{si}} = \frac{C_{ij}}{C_{si}} - 1 \tag{3.16}$$

式中　P_{ij}——(i, j) 点的污染物浓度或污染物 i 在预测点（可监测点）j 的超标倍数；

$\quad\quad$ C_{ij}——(i, j) 点的污染物浓度或污染物 i 在预测点（可监测点）j 的浓度，mg/L；

$\quad\quad$ C_{si}——污染物 i 的水质标准值，mg/L。

由式（3.10）和式（3.16）可见，标准指数和超标倍数相差 1。

3.2.2.3　水质参数综合评价方法

水体的污染一般是由多种污染物引起的，用单项因子指数法进行评价往往不能全面反映水质状况，为了解决这个问题，出现了综合指数法。综合指数表示多项污染物对水环境产生的综合影响程度。它是以单项因子指数为基础，通过各种数学关系式综合求得的。综合计算的方法很多，现介绍几种常用的综合指数计算形式。

（1）叠加型指数法。计算公式为

$$S_j = \sum_{i=1}^{n} \frac{C_{ij}}{C_{si}} \tag{3.17}$$

式中　S_j——水质综合评价指数；

其他符号意义同前。

此指数计算简单，意义明确，但对取不同参数个数的水体进行评价时缺少可比性。如一个水体取酚、氰、汞、铬四项污染物为评价参数，而另一水体取酚、氰、COD、BOD_5、砷、铬六项污染物为评价参数，通过计算得到两个综合污染参数 S_1 和 S_2，就不能简单地根据 S_1 和 S_2 的数值大小，得出哪一个水

体污染严重的结论。另外，此参数将各污染物对环境的影响平等对待，没有考虑不同污染物对环境影响程度的差别，如某河流锰离子与氰离子的浓度超过允许标准的一倍，它们对 S 值的影响是同等的；但实际上氰离子浓度超标一倍就会带来严重的环境危害，而锰离子浓度超标一倍对环境的影响是微弱的。

（2）算术平均法。此法所求 j 点的综合评价指数 S 可表达为

$$S_j = \frac{1}{n} \sum_{i=1}^{n} I_{ij} \tag{3.18}$$

式中　n——选取的污染物种类数量，即评价参数的个数；

其他符号意义同前。

这种方法解决了污染物种类数量不同对指数值的影响，但仍未考虑污染物危害程度不同对指数值的影响。

（3）幂指数法。水质幂指数 S 的表达式为

$$S_j = \prod_{i=1}^{m} I_{ij}^{w_i} \quad \left(0 < I_{ij} < 1.0, \qquad \sum_{i=1}^{m} w_i = 1 \right) \tag{3.19}$$

式中　S_j——在预测点（可监测点）j 的综合评价指数；

I_{ij}——污染物 i 在 j 点的水质指数；

w_i——污染物 i 的权重值。

其中权重值的计算公式为

$$w_i = \frac{C_i}{\overline{C_i}} \quad (C_i \leqslant \overline{C_i}) \tag{3.20}$$

$$w_i = 1 \quad (C_i > \overline{C_i}) \tag{3.21}$$

$$\overline{C_i} = \frac{1}{m} \sum_{j=1}^{m} C_{ij} \tag{3.22}$$

式中　m——监测点个数；

其他符号意义同前。

（4）加权叠加法。加权叠加法所求 j 点的综合评价指数 S 可表达为

$$S_j = \sum_{i=1}^{n} w_i I_{ij} \tag{3.23}$$

其中

$$\sum_{i=1}^{n} w_i = 1 \tag{3.24}$$

（5）加权平均法。

$$S_j = \frac{1}{n} \sum_{i=1}^{n} w_i S_{ij} \tag{3.25}$$

式中　S_{ij}——污染物 i 在预测点（可监测点）j 的标准指数。

加权型指数应用中的主要问题在于权重（加权值）w 的确定。一般情况下，多是根据污染参数对环境的影响、对人体健康和生物的危害，确定每个污染参数的相对重要性，给出它们不同的权重；或是根据群众和专家的意见来确定权重。在实际工作中如何确定权重，还要结合实际问题具体分析。

（6）向量模法（平方和的平方根法）。此法所求 j 点的综合评价指数 S 可表达为

$$S_j = \left[\sum_{i=1}^{n} S_{ij}^2 \right]^{\frac{1}{2}} \tag{3.26}$$

（7）均方根法。

$$S_j = \sqrt{\frac{1}{n} \sum_{i=1}^{n} (I_{ij})^2} \tag{3.27}$$

（8）内梅罗指数法。

$$S_j = \sqrt{\frac{(S_{ij})_{\max}^{2\overline{S_j}^2}}{2}} \tag{3.28}$$

（9）几何平均法。

$$S_j = \left[S_{ij} \overline{S_j}_{\max} \right]^{\frac{1}{2}} \tag{3.29}$$

常见的评价方法的优缺点见表 3.4。

表 3.4 各评价方法的优缺点对比

评价方法	优　缺　点
内梅罗指数法	强调平均值与最大值的共同作用，并突出了浓度最大的污染物对环境质量的影响作用
算术平均法	消除了选用评价参数的项数对结果的影响，便于在不同的项数之间进行污染程度的比较，但是忽略了污染贡献较大的污染物对环境的影响
加权平均法 加权叠加法	便于在不停的项数之间进行比较，并且加权值的引入还可以反映出不同污染物对环境影响的不同作用，但是掩盖了个别污染严重的参数对环境的影响
叠加型指数法	评价参数的相对污染值的总和，可以反映出环境要素的综合污染程度，但是掩盖了个别污染严重的参数的影响
向量模法	能反映个别参数污染严重的情况

3.2.3　地下水质量评价

1. 评价目的和原则

随着城市建设、工业发展、地下水的大规模开发利用，地下水的水质和水

量均发生了显著变化。在以地下水为饮用水水源时，对地下水水质评价关系到当地人生活和生产安全。

地下水质评价与地表水质评价相比，除具有评价工作的相同特征外，还有它自己的特点。由于地下水埋藏于地质介质中，受地质构造、水文地质条件及地球化学条件等多因素的影响，其评价较地表水就更为困难。

对地下水的质量评价主要遵循的几条原则如下：

（1）评价工作主要限于那些已经或将要以地下水作为供水源的城市或工业区。

（2）评价工作必须在已有城市水文地质工作的基础上进行，没有开展水文地质、工程地质普查的城市，需同时开展水文地质、工程地质调查和研究工作。

（3）必须有地下水质监测资料做基础，在缺乏监测资料的地区，应首先开展水化学研究。

（4）必须将地下水资源的质量变化和地质环境的质量变化作为重点水文地质条件类型进行。

2. 评价标准的选择

由于地下水大多数被当作饮用水源，故一般都以饮用水的卫生标准作为评价标准，但同时应当考虑当地地质背景值。

3. 评价模式（综合指数法）

综合指数法多是以评价地表水为目的而提出的，在地下水质评价中，常用的有以下两类。

（1）内梅罗指数的应用。针对人类直接接触用水，包括饮用水、游泳用水和食品制造用水，可求出其水质指数：

$$S = \sqrt{\frac{I_{\max}^2 + \bar{I}^2}{2}} \qquad (3.30)$$

式中　$I_{\max}$——地下水各类污染物中标准指数最大值；

　　　$\bar{I}$——各污染物标准指数算术平均值。

其中

$$\bar{I} = \frac{1}{n} \sum_{i=1}^{n} I_i \qquad (3.31)$$

根据计算结果和地下水污染的实际情况，将地下水的污染分为三级，并以此进行污染程度分区：①$S > 1$，说明地下水综合污染程度较重，必须考虑控制其发展，不能将其作为饮用水源；②$S = 0.5 \sim 1$，说明地下水遭到污染，应引起有关方面的重视；③$S < 0.5$，说明地下水基本上未污染。

内梅罗指数计算公式兼顾了多项污染物的平均状况及影响最严重的一个水

质参数，对地下水污染评价有一定的适用价值，但还存在综合指数偏高的问题。

（2）背景值评价指数法。由于地下水大多作为饮用水源，因此水质评价不能忽视其对人体健康的影响。其计算公式为

$$S_c = \sum_{i=1}^{n} \frac{C_i}{C_{0i}} \lg \frac{\sum_{i=1}^{n} C_{si}}{C_{si}} \qquad (3.32)$$

式中　S_c——某水井中地下水的污染指数；

$\quad\quad C_i$——样品中某污染物浓度的实测值，mg/L；

$\quad\quad C_{0i}$——该种类污染物浓度最大区域背景值，mg/L；

$\quad\quad C_{si}$——该种污染物的饮用水水质标准值，mg/L；

$\sum_{i=1}^{n} C_{si}$——调查中所有污染物饮用水水质标准值的求和，mg/L；

$\quad\quad n$——监测污染物种类。

式（3.28）中，$\dfrac{C_i}{C_{0i}}$ 表明某水井中某种污染物的异常情况，$\lg \dfrac{\sum_{i=1}^{n} C_{si}}{C_{si}}$ 表明该种污染物在所有监测项目中对人体健康效应影响系数，对某一种污染物来说，它是一个常数。

水质评价的方法很多，而且在不断发展。在应用这些方法评价水质时，要根据具体情况选用一种、两种甚至几种方法进行，使评价结果较为全面，反映实际情况。

3.3　评价方法的开发

目前，随着计算机的发展，利用数据库和软件也可以进行水质安全评价。

王东红等认为饮用水中含有痕量有机有毒污染物，其中相当一部分并不在水质标准管理范围。他们采用了保留时间锁定（RTL）和谱图解卷积（deconvolution），依据有毒化合物数据库（HCD）建立了一种可以应用于饮用水中有毒有机污染物的筛查分析的方法。谱图解卷积是一种数学技术，可以将重叠的质谱图"分开"，使之成为"清晰"的单个组分的谱图，在用谱库检索时，这些单个谱图就可能得到良好匹配。解卷积报告软件（DRS）在化学工作站上内置了保留时间锁定功能，是由三个不同的 GC/MS 软件包组合而成的：安捷伦 GC/MS 化学工作站；带有 NIST05 质谱谱库的 NIST 质谱检索程序；AMDIS 软件［也来自美国国家标准技术研究院（NIST）］。RTL 有毒化学品库（HCD）包含了二噁英和呋喃、多氯联苯、半挥发化合物、挥发性化合物和农药共 731 个有毒化合物的信息和保留时间信息，可以满足环境中主要有毒有机污染物分析的需

要。保留时间锁定还可以消除假阳性，使结果更加可靠。DRS 已经应用于残留农药的筛查。利用 DRS 可以自动识别复杂基质中数百个痕量化合物的功能实现水体中污染物的筛选和确定。结合对水质标准中需要检测污染物的定量分析和对未列入标准的潜在毒性污染物进行的定性、定量分析和风险预评估，可以形成具有地方特点的优先控制污染物清单。在确认的优先控制污染物清单的基础上进行半定量和定量分析以及风险评价，既对样本进行了全面的筛查，又节约了人力物力。

对饮用水中有毒污染物的筛选和风险评价的具体步骤为：①应用保留时间锁定（RTL）和谱图解卷积技术，依据有毒化合物 DRS 数据库（HCD），对样本进行全扫描分析，应用 DRS 软件对得到的质谱数据进行分析匹配，筛查出水中的有机有毒污染物；②针对筛查得到的有毒污染物建立定量分析方法，并根据美国环境保护局（USEPA）《水质推荐标准》和《饮用水标准和健康指导》、世界卫生组织（WHO）《饮用水质量标准》、国家建设部《城市供水水质标准》（CJ/T 206—2005）以及 2006 年国家卫生部《生活饮用水卫生标准》（GB 5749—2006）中所列入的检测项目和限值进行风险水平分析；③对未列入国际水质标准检测项目或没有限值的有机有毒污染物进行健康风险特征分析，建立定量分析方法，确定开展健康风险评价的必要性。

王东红等应用此方法对北京市自来水厂进出水中的有毒有机污染物进行分析，定性筛查到 113 种有毒有机污染物，并对其中多环芳烃、有机氯农药、挥发性有机物和酚类物质等 62 种污染物进行定量分析。结果表明，在有定量分析数据的污染物中，列入标准的有机有毒污染物浓度均未超过国际主要水质标准限值；对未列入水质标准或没有浓度限值的有机有毒污染物，初步进行了健康风险分析和水厂工艺的去除效果评价，发现它们的健康风险基本处于可接受的水平。此外，还定性筛查到当前国际水质标准中没有列入的 51 种有毒有机物，包括敌敌畏、五氯硝基苯、仲丁威、残杀威、邻苯基苯酚、叔丁基-4-羟基茴香醚、苯胺和腐霉利等，并分析了这些污染物的风险特征，是否存在健康风险需要进一步的研究。

参 考 文 献

［1］ 肖长来，梁秀娟，等. 水环境监测与评价 ［M］. 北京：清华大学出版社，2008.

［2］ 陈晓宏，江涛，陈俊合. 水环境评价与规划 ［M］. 北京：中国水利水电出版社，2007.

［3］ 任珺，王刚. 城市饮用水水质评价与分析：以兰州市城市饮用水为例 ［M］. 北京：中国环境科学出版社，2008.

［4］ 洪林，肖中新，蒯圣龙，等. 水质监测与评价 ［M］. 北京：中国水利水电出版

社，2010.

［5］ 曾光明，黄瑾辉．三大饮用水水质标准指标体系及特点比较［J］．中国给水排水，2003，19（7）：30-32.

［6］ 王东红，原盛广，马梅，等．饮用水中有毒污染物的筛查和健康风险评价［J］．环境科学学报，2007，27（12）：1937-1943.

第 4 章

毒理学评价方法

4.1 基 本 概 念

4.1.1 毒性作用的基本概念

1. 毒物（toxicant）

毒物是指在一定条件下，较小剂量就能引起机体功能性或器质性损伤的化学物质。毒物和非毒物没有绝对的界限，只能以中毒剂量的大小相对地加以区别。

2. 毒性（toxicity）

毒性是指一种物质能引起机体损害的性质和能力。毒性越强的化学物质，导致机体损伤所需的剂量就越小。化学物质的毒性大小还可以通过其对生物体产生损害的性质和程度而表现出来，这可用动物实验或其他方法来检测。

3. 中毒（toxication）

中毒指机体受到某种化学物质的作用而产生功能性或器质性的病变。根据中毒发生发展的快慢，可分为急性中毒、亚慢性中毒和慢性中毒。

4. 危险度（risk）与危害性（hazardness）

危险度也称为危险性或风险度，是指在一定暴露条件下化学物导致机体产生某种不良效应的概率，即某种物质在具体的接触条件下对机体造成损害可能性的定量估计。对化学物危险性的估计（risk assessment）主要根据化学物的毒性、化学物的剂量与对机体损害作用的相关关系以及人群中可能受损害的人数和受损程度，用定量的统计学方法进行并用预期频率表示。危险度可分为归因危险度（attributable risk）、相对危险度（relative risk）和可接受的危险度（acceptable risk）等。危害或危害性的意义与危险度相似，但缺乏定量概念，未考虑机体可能接触的剂量和损害程度，一般指化学物对机体产生危害的可能性。

5. 剂量（dose）

剂量的一般概念是指给予机体的或机体接触的外来化学物的数量。剂量通常以单位体重的机体接触的外源化学物数量（体重，mg/kg）或机体生存环境中化学物的浓度（空气，mg/m^3；水，mg/L）来表示。剂量是决定外源化学物对机体造成损害程度的最主要因素。同一种化学物在不同剂量时对机体作用的性质和程度不同。毒理学常用的几个剂量概念如下：

（1）致死剂量（lethal dose，LD）。致死剂量指以机体死亡为观察指标而确定的外源化学物剂量。按照引起机体死亡率的不同，有以下几种致死剂量：

1）绝对致死量（absolute lethal dose，LD_{100}），指能引起所观察个体全部死亡的最低剂量，或在实验中可引起实验动物全部死亡的最低剂量。

2）半数致死量（half lethal dose，LD_{50}），指引起一群个体50％死亡所需剂量。半数致死浓度（LC_{50}），即能引起一群个体50％死亡所需的浓度，一般以mg/m^3（空气）、mg/L（水）来表示。用LC_{50}表示外源化学物经呼吸道与机体接触后产生的毒性作用时，是指使一群动物接触化学物一定时间（2～4h）后，在一定观察期限（一般为14天）内死亡50％所需浓度。半数耐受限量（median tolerance limit，TLm），也称半数存活浓度，是指在一定时间内一群水生生物中50％的个体能够耐受的某种环境污染物在水中的浓度，单位为mg/L。一般用TLm表示在一定浓度（mg/L）下，经48h 50％的鱼可以耐受，即有50％的鱼死亡；如经96h，即为TLm_{96}。

3）最小致死量（minimum lethal dose，MLD或LD_{min}或LD_{01}），指仅引起一群个体中个别个体死亡的最低剂量。低于此剂量则不能导致机体死亡。

4）最大耐受量（maximal tolerance dose，MTD或LD_0），指在一群个体中不引起死亡的某化学物的最高剂量。

（2）半数效应剂量（median effective dose，ED_{50}）。半数效应剂量指外源化学物引起机体某项生物效应发生50％改变所需的剂量。

（3）最小有作用剂量（minimal effect level，MEL）。最小有作用剂量也称为中毒阈剂量（toxic threshold level）或中毒阈值（toxic threshold value），指外源化学物按一定方式或途径与机体接触时，在一定时间内，使某项灵敏的观察指标开始出现异常变化或机体开始出现损害所需的最低剂量。最小有作用浓度则指环境中某种化学物能引起机体开始出现某种损害作用所需的最低浓度。

（4）最大无作用剂量（maximal no－effect level，MNEL）。最大无作用剂量又称为未观察到作用剂量（no observed effect level，NOEL），指外源化学物在一定时间内按一定方式或途径与机体接触后，采用目前最为灵敏的方法和观察指标而未能观察到对机体任何损害作用的最高剂量。

（5）最大无作用浓度，又称为阈下浓度（subthreshold concentration）指在毒性实验中，应用最敏感的实验动物品种和毒性指标，未观察到任何毒性作用的外源化学物最高浓度。

最大无作用剂量或浓度是根据慢性或亚慢性毒性试验的结果确定的，是评定外源化学物对机体损害的主要依据，也是制定每日容许摄入量（acceptable daily intake，ADI）和最高容许浓度（maximal allowable concentration，MAC）的主要依据。ADI是指人类终生每日随同食物、饮水和空气摄入的某一外源化学物不引起任何损害作用的剂量。MAC是指环境中某种外源化学物对人体不造成任何损害作用的浓度。

6. 效应和反应

（1）效应（effect），指一定剂量的外源化学物与机体接触后所引起的机体的生物学变化。此种变化的程度大多可用计量单位表示。由于这类效应存在定量关系，可称为量效应（quantity effect）。还有一类效应不能用某种测定的定量数值表示，只能以"有或无""阴性或阳性"表示，这类效应称为质效应（quality effect）。

（2）反应（response），指机体与一定剂量的外源化学物接触后，呈现某种效应并达到一定程度的比率，或产生效应的个体数在某一群体所占的比例，一般以百分率或比值表示，如死亡率、发病率、反应率、肿瘤发生率等。

7. 剂量-效应关系和剂量-反应关系

（1）剂量-效应关系和剂量-反应关系。剂量-效应关系（dose – effect relationship）是指外源化学物的剂量大小与其在个体或群体中引起的量效应大小之间的相关关系。剂量-反应关系（dose – response relationship）是指外源化学物的剂量与其引起的效应发生率之间的关系。值得注意的是，机体的过敏性反应虽然也是由外源化学物引起的损害作用，但涉及免疫系统，与一般的中毒反应不同，往往不存在明显的剂量-反应关系，小剂量便可引起剧烈甚至致死的全身症状或反应。

（2）剂量-效应关系和剂量-反应关系曲线。剂量-效应关系和剂量-反应关系均可用曲线表示，即以表示效应强度的计量单位或表示反应的百分率或比值为纵坐标，以剂量为横坐标绘制散点图。不同的外源化学物在不同条件下，剂量与效应或反应的相关关系也不同，可呈现不同类型的曲线，主要有以下几种基本类型：直线型、抛物线型、S形曲线型。

4.1.2 毒性作用的类型

1. 局部毒性作用和全身毒性作用

某些环境化学物可引起机体直接接触部位的损伤，称为局部毒性作用（local toxic effect）。环境化学物被吸收后随血液循环分布到全身而呈现的毒性作用，称为全身毒性作用（systemic toxic effect）。化学物的全身毒性作用对各组织器官的损伤不是均匀的，而是主要对一定的组织和器官起损害作用，这种组织和器官就称为该化学物的靶组织和靶器官。

2. 速发毒性作用和迟发毒性作用

某些环境化学物与机体一次接触后在短时间内引起的毒性作用称为速发毒性作用（immediate toxic effect）。迟发毒性作用（delayed toxic effect）是指一次或多次接触某些化学物后，经过一段时间后才呈现的毒性作用。在生产条件下，慢性中毒较多见，且由于发病缓慢和早期临床症状不明显而被忽视。为了确定环境化学物的迟发毒性作用，需对动物进行慢性中毒试验。

3. 可逆毒性作用和不可逆毒性作用

停止接触化学物后可逐渐消退的毒性作用称为可逆毒性作用（reversible toxic effect）。如果机体接触的化学物浓度低，接触时间短，损伤轻，可以认为是可逆的毒性作用。不可逆毒性作用（irreversible toxic effect）是指停止接触化学物后，其作用继续存在，甚至损伤可进一步发展。例如，化学物的致突变、致癌作用是不可逆毒性作用。化学物的毒性作用是否可逆还与受损伤组织的再生能力有关。

4. 变态反应（allergic reaction）

变态反应是指机体对环境化学物产生的一种有害免疫介导反应，又称为过敏性反应（hypersensitivity response）。变态反应与一般的毒性反应不同。首先，机体要接触过该化学物且化学物对机体有致敏作用。其次，变态反应的剂量-反应关系不是一般毒性作用的典型的 S 形曲线。此外，变态反应也是一种有害的毒性反应，有时仅引起皮肤症状，有时却可引起严重的过敏性休克甚至死亡。

5. 特异体质反应（idiosyncratic reaction）

特异体质反应一般是指遗传所决定的特异体质对某种化学物的异常反应，又称为特发性反应。

4.1.3　环境化学物的联合毒性作用

两种或两种以上的环境化学物同时或短期内先后作用于机体所产生的综合毒性作用称为环境化学物的联合毒性作用（joint toxic effect 或 combined toxic effect）。多种环境化学物同时作用于人体时，往往呈现十分复杂的交互作用，影响彼此的吸收、分布、代谢转化与毒性效应。

1. 联合毒性作用的类型

根据多种化学物同时作用于机体时所产生的毒性效应，可将环境化学物的联合毒性作用分为以下几类：

（1）相加作用（additional joint action 或 additive effect）。多种环境化学物同时作用于机体所产生的生物学作用的强度是各环境化学物单独作用强度的总和，这种作用称为相加作用。化学结构相似的化学物或同系物、毒作用靶器官、靶分子相同的化学物以及作用机理类似的化学物同时存在时，往往发生相加作用。两种有机磷农药对胆碱酯酶的抑制作用常为相加作用。

（2）协同作用（synergistic joint action 或 synergism 或 synergistic effect）。两种或两种以上环境化学物同时作用于机体所产生的生物学作用的强度远远超过各环境化学物单独作用强度的总和，这种作用称为协同作用。这可能与化学物之间促进吸收、延缓排出、干扰体内代谢过程等作用有关。如马拉硫磷与苯硫磷的协同作用是由于苯硫磷对促进肝脏降解马拉硫磷的酯酶有抑制作用。

（3）增强作用（potentiation）。一种环境化学物本身对机体并无毒性，但能使与其同时进入机体的另一种环境化学物的毒性增强，这种作用称为增强作用或增效作用。例如，异丙醇对肝脏无毒，但与四氯化碳同时进入机体时，可使四氯化碳的毒性大于其单独作用时的毒性。也有人将增强作用归于协同作用。

（4）拮抗作用（antagonistic joint action 或 antagonism 或 antagonistic effect）。两种环境化学物同时作用于机体时，其中一种环境化学物可干扰另一种环境化学物的生物学作用，或两种环境化学物相互干扰，使混合物的毒作用强度低于各环境化学物单独作用的强度之和，这种作用称为拮抗作用。凡能使另一种环境化学物的生物学作用减弱的化学物称为拮抗物或拮抗剂（antagonist），毒理学和药理学中所指的解毒剂（antidote）即属此类。拮抗作用可以有不同的形式，如化学拮抗、受体拮抗、配置拮抗等。

（5）独立作用（independent joint action）。两种或两种以上的环境化学物作用于机体时，其各自的作用方式、途径、受体和部位不同，彼此无影响，仅表现为各自的毒作用，称为独立作用。独立作用与相加作用的区别往往很难发现。

2. 联合毒性作用类型的评定

在实际工作中，对环境化学物联合毒性作用类型的评定一般采用急性毒性试验的方法，测定单个环境化学物和混合物的 LD_{50}，再用下述两种方法进行判断。

（1）联合毒性作用系数法。本法先通过实验实测环境化学物各自的 LD_{50} 值，从各环境化学物的联合毒性作用是相加作用的假设出发，计算出混合物的预期 LD_{50} 值，再通过实验求出混合物的实测 LD_{50} 值。

联合毒性作用系数（K）＝混合物预期 LD_{50}/混合物实测 LD_{50}

如果混合物中的各环境化学物的联合毒性作用是相加作用，则 K 值应等于 1。但通常测定的 LD_{50} 值有一定的波动范围，所以 K 值也会有一定波动。评定联合毒性作用类型的 Smyth 法（表 4.1）认为，$K=0.4\sim2.7$ 为相加作用，$K<0.4$ 为拮抗作用，$K>2.7$ 为协同作用。

表 4.1　　　　　联合毒性作用系数（K）与联合毒性作用类型

联合毒性作用类型	拮抗作用	相加作用	协同作用
Smyth 法	<0.4	$0.4\sim2.7$	>2.7
Kephnger 法	<0.57	$0.57\sim1.75$	>1.75

（2）等效应线图法。该方法只能评定两种环境化学物的联合毒性作用，其原理是在试验条件和接触途径相同的情况下分别求出受试的甲、乙两种化学物的 LD_{50} 及 95％可信限。将甲化学物的 LD_{50} 值及 95％可信限的上、下限值点绘在纵坐标上，将乙化学物 LD_{50} 值及 95％可信限的上、下限值点绘在横坐标上，再将两个化学物的 LD_{50} 和 95％可信限的上、下限剂量点相应连接，形成 3 条直线（LD_{50} 线、95％可信限上限线和下限线）（图 4.1），即等效应线。然后在相同条件下取甲、乙化学物的等毒性剂量（如各取 $0.5LD_{50}$ 剂量）制成混合物，给动物染毒，求出此混合物的 LD_{50}。将混合物 LD_{50} 值中甲、乙两化学物各自的实际剂量分别标在坐标图上，过这两个剂量点分别作两垂直线，以相交点的位置来评价联合作用的类型。如交点落在两化学物 95％可信限的上、下限连线之间，表示为相加作用；如交点落在 95％可信限的下限连线以下，表示为协同作用；如交点落在 95％可信限的上限连线以上，表示为拮抗作用。

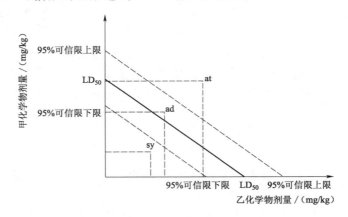

图 4.1　联合作用的等效应线

ad—相加作用；at—拮抗作用；sy—协同作用

4.1.4　毒性作用的机理

外源化学物对组织细胞毒性作用的机理非常复杂，了解化学物的毒性作用机理，无论是对其毒性的全面评价，还是对其毒性作用的有效防治，都是十分重要的。

1. 干扰正常受体-配体的相互作用

受体（receptor）是许多组织细胞的生物大分子，与化学物即配体（ligand）相结合后形成配体-受体复合物，能产生一定的生物学效应。许多环境化学物尤其是某些神经毒物的毒性作用与其干扰正常受体-配体相互作用的能力有关。

2. 细胞膜损伤

维持细胞膜的稳定性对机体内的生物转运、信息传递及内环境的稳定是非常重要的。某些环境化学物可引起膜成分的改变，有些环境化学物可改变膜脂流动性，还有的化学物可影响膜上某些酶的活力，膜通透性的改变主要是由膜蛋白的改变引起的。

3. 干扰细胞内钙稳态

钙作为细胞的第二信使，在调节细胞内功能方面起着关键性作用。环境化学物可以通过干扰细胞内钙稳态引起细胞损伤和死亡。

4. 干扰细胞能量的产生

有些环境化学物可干扰糖类的氧化，使细胞不能产生 ATP，从而阻碍电子传递，导致呼吸链打断，氧不能被利用，引起细胞内窒息。ATP 缺乏不仅可使细胞生命活动得不到充足的能量供给，而且还可干扰膜的完整性、离子泵转运和蛋白质的合成，严重的 ATP 缺乏可导致细胞功能丧失甚至死亡。

5. 自由基与脂质过氧化

自由基（free radical）是指具有奇数电子的分子，或者化合物的共价键发生断裂而产生的具有奇数电子的产物。自由基与膜脂质接触，攻击多不饱和脂肪酸，从而使细胞膜和细胞器膜发生脂质过氧化（lipid peroxidation）。膜脂质过氧化作用不仅改变了膜的流动性，而且也改变了膜镶嵌蛋白的活化环境，还可以导致线粒体和溶酶体肿胀和解体。自由基还可攻击核酸，从而引起碱基置换、嘌呤脱落、DNA 链断裂，导致细胞突变和癌变。

6. 与生物大分子结合

环境化学物与生物大分子的结合可分为非共价结合和共价结合。共价结合可改变生物大分子如核酸、蛋白质和酶、脂质等的结构与功能，引发一系列生物学变化。

7. 选择性细胞致死

有些外源化学物对某种组织器官的细胞有选择性致死毒性。例如，高剂量锰能引起大脑基底神经节多巴胺细胞的选择性损伤和致死作用；丙硫尿嘧啶可选择性地积聚在甲状腺，并破坏甲状腺细胞；止吐药反应停可引起胚胎早期肢芽细胞死亡，使出生的婴儿缺失腿和臂。

8. 非致死性遗传改变

某些环境化学物可干扰 DNA 复制和修复，导致 DNA 损伤和染色体异常。这些毒性作用虽然不一定引起细胞死亡，但可诱发体细胞突变和癌变，生殖细胞的突变可遗传于下代，有的还可产生遗传性疾病，甚至畸胎。

邹晓平等于 2001 年 7 月—2003 年 4 月在江苏省常熟市农村地区以社区为单位通过筛选表选取 161 名有 5 年及以上有机磷农药接触史、每年累计接触 7d 以上、每天接触 1h 以上的男性进行研究，发现长期接触小剂量有机磷使精子密度明显下降，精子密度暴露组为 $(76.0 \pm 84.8) \times 10^6/mL$，非暴露组为 $(100.0 \pm 56.4) \times 10^6/mL$，暴露组精子质量明显下降，暴露组人员的性欲降低，性交次数减少。

4.2 化学物质的毒理学安全性评价程序

19 世纪以来，随着工业特别是化学工业的迅速发展，人工合成的化学物质的种类越来越多。这些化学物质在帮助人类的同时，大多数对生态环境以及人类的健康造成了严重的威胁。因此，对化学物质作出安全性评价对人类的健康生存具有重大意义。

4.2.1 毒理学安全性评价的概念

毒理学安全性评价（toxicological safety evaluation）是通过动物实验和对人群的观察，阐明某种化学物质的毒性及其潜在的危害，以便对人类使用该物质的安全性做出评价，并为确定安全作用条件制定预防措施决策提供依据的过程。它需要对某种物质的毒性及危害性深入了解，并参考社会效益、经济效益、人群健康效益等方面的资料，以便为进行毒性实验及经过毒性实验后，对受试物综合分析及制定生产使用的安全措施提供参考。

4.2.2 毒理学安全性评价的原则

在毒理学安全性评价时，对不同的化学物质要选择不同的评价程序，一般根据化学物的种类和用途选择国家、地区和各级政府发布的法规、规定和行业规范中相应的程序。

在实际工作中，对一种化学物质进行毒理学评价时，需要遵循分阶段进行的原则，即将各种毒理实验按一定顺序进行，明确先进行哪项实验，再进行哪项实验，目的是以最短的时间，用最经济的办法，取得最可靠的结果。实际工作中常常是先安排周期短、费用低、预测价值高的实验。

安全性评价程序大部分把毒理学实验划分为 4 个阶段，具体见表 4.2。

表 4.2　　　　　　　　　几类化学物质毒理学评价阶段与实验项目

化学物质	农　药	食　品	化　妆　品	消毒产品
法规名称	《农药安全性毒理学评价程序》；《农药登记毒理学实验方法》（GB/T 15670—2017）	《食品安全国家标准　食品安全性毒理学评价程序》（GB 15193.1—2014）	《化妆品安全性评价程序和方法》（GB 7919—1987）	
第一阶段	急性毒性实验，皮肤、眼、黏膜实验（皮肤刺激、致敏、光毒、眼刺激实验）	急性毒性实验	急性毒性实验，皮肤、黏膜实验（皮肤刺激、致敏、光毒、眼刺激实验）	急性毒性实验，皮肤、黏膜实验
第二阶段	蓄积毒性实验，致突变实验	遗传毒性实验，致畸实验，30 天喂养实验	亚慢性毒性实验，致畸实验	遗传毒性实验，蓄积毒性实验
第三阶段	亚慢性毒性实验，代谢实验	亚慢性毒性实验，繁殖实验，代谢实验	致突变、致癌短期生物筛选实验	亚慢性毒性实验，致畸实验
第四阶段	慢性代谢实验，致癌实验	慢性代谢实验，致癌实验	慢性代谢实验，致癌实验	慢性代谢实验，致癌实验
第五阶段			人体实验（激发斑贴、试用实验）	

注　食品包括添加剂、新资源食品、保健食品、食品包装材料、消毒剂。

　　一般情况下，第一阶段为急性毒性实验和局部毒性实验。急性毒性实验主要是测定 LD_{50}（LC_{50}）或其近似值，一般都要求用两种动物，染毒途径应为人体的可能暴露途径。与皮肤、眼、黏膜接触的化学物可能还要求进行皮肤、黏膜刺激实验，眼刺激实验，皮肤致敏实验，皮肤光毒和光致敏反应实验等局部毒性实验。

　　第二阶段包括重复剂量毒性实验、遗传毒性实验和发育毒性实验。本阶段的实验目的是了解受试物与机体多次暴露后可能造成的潜在危害，并研究受试物是否具有遗传毒性与发育毒性。遗传毒性实验包括原核细胞基因突变实验、真核细胞基因突变和染色体畸变实验、微核实验或骨髓细胞染色体畸变分析等，应成组使用，以观察不同的遗传学终点，提高预测遗传危害和致癌危害可靠性。发育毒性实验主要是传统致畸实验。

　　在某些受试物经过第一阶段和第二阶段的实验之后，根据实验结果、人可能的暴露水平和受试物用途，决定是否进行下一阶段的实验。

第三阶段包括亚慢性毒性实验、生殖实验和毒物动力学实验。亚慢性毒性实验用来进一步确定毒作用性质和靶器官，预测对人体的危害性，并为慢性致癌实验剂量、指标的选择提供依据。生殖毒性实验用来判断外源化学物对生殖过程的有害影响。毒理学实验可与其他的实验结合进行，有条件时，确定其相关的代谢酶和代谢产物。

第四阶段包括慢性毒性实验和致癌实验。慢性毒性实验的目的在于确定慢性毒作用性质和靶器官，确定慢性毒作用的最小可见损害作用水平（LOAEL）和无可见有害作用水平（NOAEL），并对化学物的安全性做出评价。致癌实验用来确定对实验动物的致癌性。慢性毒性实验与致癌实验通常结合进行。

对于化妆品，第五阶段进行人体激发斑贴实验和试用实验。

由表 4.2 可见，由于不同种类的化学物与人类接触的方式和途径不同，对安全性的要求亦不尽相同，在具体执行时，应严格参照各类物质的有关法规。每类化学物的安全性评价大致分为两个时期：①正式投产前进行毒理学评价；②投产后要在使用人群中继续观察化学物的毒副作用。

一般地，某种化学品投产或销售之前，必须进行第一阶段和第二阶段的实验。凡属我国首创的化学物质一般要求进行第三阶段甚至第四阶段的某些项目实验，特别是对其中产量较大、使用面广、接触机会较多或化学性质有潜在毒性者，必须进行全部四个阶段的实验。

4.2.3　实验前的准备工作

4.2.3.1　收集受试物有关的基本资料

为了预测外源化学物的毒性，进行毒理学实验的设计，在毒理学实验前必须尽可能多地收集外源化学物的有关资料，如化学结构式、纯度、杂质含量、沸点、蒸气压、溶解性以及类似物的毒性资料、人体可能的摄入量等。有些样品的毒性可能受其中杂质成分的影响，所以进行毒性实验的样品必须是生产工艺已经确定、有代表性的样品，或者为实际生产使用或人类接触的产品。

1. 化学结构

化学结构往往决定着化学物质的毒性。同一类化学物，由于结构不同，其毒性也可能有很大差异，因此往往可根据某化学物质的结构，对其毒性进行初步估计。

2. 理化性质和纯度

化学物质的理化性质与其毒性也有一定关系，掌握其沸点、熔点、水溶性或脂溶性、乳化性或混悬性、储存稳定性是非常有必要的。

3. 受试物的接触途径和摄入量

了解人类接触受试物的可能途径及摄入的总量，全面权衡其利弊和实际应用价值，对该物质能否生产和使用作出判断，或从确保该物质的最大效益以及对生态环境和人类健康危害性最小的角度，寻求人类安全接触条件。

4.2.3.2　受试物样品及实验动物

进行毒性实验的样品必须是生产过程（包括原料、配方）已经固定不变并且有代表性的样品，其成分规格必须稳定，应为实际生产使用和人类实际接触的产品。

毒物的毒性在不同的动物种属间常有较大差异，这就要求所选的动物种类对受试物的代谢方式尽可能与人类相似。在毒理学评价中最先考虑的是哺乳类的杂食动物，一般实验多采用大鼠，这是因为大鼠不仅食性和代谢过程与人类接近，而且对许多化学物质比较敏感，价格低廉且容易饲养。

4.2.4　安全性评价中需要注意的问题

影响安全性评价的因素多种多样，进行安全性评价时需要考虑和消除多方面因素的干扰，尽可能科学、公正地做出评价结论。

1. 实验设计的科学性

化学物质安全性评价将毒理学知识应用于卫生科学，是科学性很强的工作，也是一项创造性的劳动，因此不能模式化对待，必须根据受试化学物的具体情况，充分利用国内外现有的相关资料，讲求实效，科学地进行实验设计。

2. 实验方法的标准化

毒理学实验方法和操作技术的标准化是实现国际规范和实验室间数据可比性的基础。化学物质安全性评价结果是否可靠取决于毒理学实验的科学性，它决定了能否对实验数据进行科学分析和判断。如何进行毒理学科学的测试与研究，要求有严格的规范和评价标准。这些规范和标准必须既符合毒理学的科学原理，又是良好的毒理与卫生科学研究实践的总结。美国 FDA 和 EPA 颁布了《良好实验室规范》（*Good Laboratory Practice*，GLP），在 GLP 中，有一套细则，即《标准操作规程》（*Standard Operation Procedure*，SOP），实现毒理学实验的标准化。

3. 实验方法的局限性

每一项毒理学实验都有其自身的特点和观察终点，但都不能反映其全部的毒性特征。应根据化学物质、人体暴露途径等，筛选一个或多个实验方法评价化学物的毒性。

4. 评价结论的科学性

在做出安全性评价结论时，不仅要根据毒理学实验的数据和结果，还应综合分析社会效益和经济效益，并充分考虑其对生态环境的影响，权衡利弊，做出合理的评价。

4.3　毒　理　学　替　代　法

4.3.1　替代法的概念和基本方法

4.3.1.1　替代法的概念

替代法（Alternatives）一词目前已被许多国家广泛接受，并写入法规中。在生物医学研究或检测中凡是能替代实验动物、减少所需动物数量或使动物实验程序得以优化而减少动物痛苦的任何一种方法或程序，都被认定为替代法。Russell 和 Burch 最初提出了"Alternatives"的概念，他们将"替代"定义为三种类型，即代替替代（replacement alternatives）、减少替代（reduction alternatives）及优化替代（refinement alternatives），这就是所谓的 3R 原则。所有这些均属于替代法的范畴。在毒理学安全性评价领域中，替代法包括两个方面：①测试方法（testing methods），如体外方法，动物实验的减少与优化均属于此范围；②非测试方法（non‑testing methods），如专家系统的应用，利用已有数据或同类化学物进行参比也属于非测试方法。

测试方法型替代法在安全性评价中具有重要的现实性意义。使用替代法不仅可以获得相同的信息，而且是较好的科学方法。毒理学中使用的啮齿动物和其他哺乳动物对某些化学品的反应与人类相比存在一定差异，同时在应激状态下，实验动物的生理状态发生明显改变。因此，利用这些动物模型对人体进行预测，其准确性和辨别能力存在较多不确定因素。发展替代法是解决这些问题的有效途径之一。

4.3.1.2　替代的基本方法

1. 体外技术及人类模型的使用

体外技术被认为是最普遍也是最主要的动物实验替代方法，不依赖于完整动物的使用，而是使用较低水平的组织，如原代培养的细胞、组织和器官。因其与机体其他部位不存在任何关联，且该模型可以在已知条件下生长，不需要应用无痛法和麻醉这些可能会影响体内实验结果的因素，因而相对较为敏感。许多体外实验技术得到快速发展，如通过共培养技术再现组织或器官的细胞群，包括重现肠道屏障、皮肤细胞及正常成熟的角质形成细胞等；利用微团培养技术重现组织的三维结构，获得与体内更相近的细胞形状；来自胚胎或各种成人组织的多能性干细胞具有全能性，在适当的培养条件和细胞信号调节下，可继续分化成不同类型的细胞。细胞工程为毒理学研究提供了新工具，将永生细胞系扩大到特殊功能的细胞系，可以更好地研究作用机制。

2. 低等物种的利用

在某些情况下，可以利用有限刺激感受性的低等生命体作为动物实验的替代物。这些低等生物（如植物、细菌、真菌、昆虫或软体动物以及早期发育阶段的脊椎动物）只有简单的神经系统，不会感觉到疼痛。在遗传毒性实验中可使用细菌对具有诱变特性的新化合物进行筛选。酵母可作为具有抗体片段或疫苗抗原编码的特异性基因表达的载体；通过转基因技术，植物也可用于疫苗的生产；使用低等生物材料或啮齿类动物替代灵长类动物进行疫苗或神经毒性的研究，可获得相同或更科学的信息。

3. 物理化学方法与计算机的使用

化学物质的生物学活性与其物理、化学特性之间存在一定的关系。可以利用物质的理化性质或化学结构对其生物学活性进行定量分析。技术多以脂水分配系数、生成热、分子大小和亲电性等毒性作用机制为研究起点，具有多样性和复杂性。定量结构-活性关系（定量构效关系，quantitative structure activity relationship，QSAR）已用于药物设计，近几年也应用于毒理预测评价之中。利用 QSAR 模型进行急性毒性预测有较大的发展，但有限的生物学资料、对复杂毒理学终点的简单模拟、应用范围较小等因素仍使其发展受限。从高通量筛选和微点阵技术获取的大量信息将用于发展 QSAR 模型。QSAR 方法自动化程度高，能快速地对物质进行分类标记、毒性分级以及危险性评估，有效减少实验动物的使用，具有广阔的发展前景。因此，可以利用计算机设计出具有某些结构和特性的新化合物，减少需要动物检验的化学物数量。

4.3.2　替代法的验证

4.3.2.1　验证的目的与要求

在安全评价管理过程中，任何一个新方法首先必须经过适当的验证研究，充分证明新方法的相关性和可靠性符合特定目的，才有可能被管理机构考虑列入法规性管理文件，替代管理规程中原有的方法，这就是替代法的验证。化学品安全性检测中，相关性（relevance）是指测试系统的科学基础和相关模型的预测能力，而可靠性（reliability）是指检测结果在实验室内和实验室间的可重复性。可靠性和相关性检测是独立的过程，而且是必须的。

预验证或论证研究中，应对以下内容加以考虑：①明确阐述研究目的；②整体设计特征描述；③检测物质的选择、编码和分配；④独立进行数据收集和分析；⑤检测物质的数量和性能；⑥结果的特性和解释；⑦检测方法的性能；⑧同时评议结果；⑨原始数据有效性；⑩独立的结果评估。替代动物实验欧盟联合参考实验室（EURL－ECVAM）提出替代实验发展和验证的标准程序：

①明确阐述替代法的可能使用及其科学与法规性依据；②对方法进行基本描述；③对替代法与体内实验结果的相关性进行描述；④对现存体内方法和其他非动物方法的需求进行说明；⑤优化计划书，包括必要的标准操作程序，终点和终点预测的规范，结果获取及表达方法，通过预测模型解释体内生物学效应，使用适当的对照；⑥对替代法局限性进行说明；⑦实验室内及实验空间重复性证据。

为了验证替代法与经典实验之间的相关程度，通常的做法是将替代实验的结果与经典实验结果进行比较。通常用敏感性、特异性、重复性、精密度和可操作性等指标来表示可靠性；同时还必须进行实验室内和实验室间评价。

4.3.2.2 替代法的验证过程

替代法的开发和利用及人道科学实践必然面临挑战。首先，替代法的验证是个重要的障碍。目前毒理学检测中仍存在大量动物实验。为取代这些实验，替代法必须证明它能够产生预测性和可重复性的结果。

一种替代法的验证过程一般包括以下几个阶段：①由某一实验室研发或改进某种实验方法；②由其他实验室协作进行实验方法的优化；③实验方法的预验证，指小规模的实验室之间的验证研究，其目的是获得关于其可靠性和相关性的初步评估；④正式验证，指实验室之间的验证研究，以获得对其可靠性和相关性更确定的评估；⑤主管委员会的科学验收；⑥管理机构的法规性验收。

归根结底，验证程序是从科学角度考察用替代法替代体内动物毒性实验是否可行，即通过与现有的毒性实验相比较，考察毒性指标的等同性以及实验结果的相关性是否得到了证实。同时，与人类毒性的相关性大小，替代法是否快速、简便、经济，是否反映3R原则等，也是评价替代法优良与否的重要因素。

4.3.2.3 替代法进展

（1）急性全身毒性研究。急性全身毒性实验的目的是确定化合物急性毒性效应的特点以及急性毒性效应的严重程度或定量致死性。基本细胞毒性是急性毒性的主要内容。研究显示，体外细胞毒性和体内急性毒性之间存在正相关关系，因此可以利用体外实验方法对物质潜在的急性毒性进行定量预测。

（2）皮肤刺激性和腐蚀性评价。几种通过验证的皮肤腐蚀性检测的替代方法已被经济合作与发展组织（OCED）接受，用于化学物质的管理。它们分别是：透皮电阻实验（OECD TG 430）、人体皮肤模型实验（OECD TG 431）及膜屏障测试实验（OECD TG 435）。利用化学物结构特征可以确定化学物质是否具有皮肤腐蚀及刺激性。此外，另一项以物质理化性质或结构特征为依据，判断物质有无皮肤刺激或腐蚀性作用的预测工具（skin irritation corrosion rule estimation tool，SICRET）已经构建，用1833种物质进行验证研究，其预测率大于 95%。

(3) 眼刺激性和腐蚀性评价。有 5 种体外替代实验方法 [牛角膜浑浊和通透性实验 (bovine corneal opacity and permeability，BCOP)、离体鸡眼实验 (isolated chicken eye test，ICE)、短时暴露试验 (short time exposure，STE)、重组人角膜上皮模型试验 (reconstructed humancornea – like epithelium，RHCE)、荧光素渗漏试验 (fluorescein leakage，FL)] 已经得到 OCED 的认可。其他方法包括鸡胚绒毛膜尿囊膜实验 (hen's egg test on the chorio – allantoic membrane，HET – CAM)、离体兔眼实验 (isolated rabbit eye test，IRE)、单层兔眼角膜细胞 (single layer of rabbit corneal cells，SIRC) 等，这些方法虽然没有正式完成验证，但已被欧盟部分成员国的管理机构接受，用于严重眼刺激物的鉴定和分类。

(4) 皮肤过敏性作用评价。局部淋巴结实验 (LLNA) 被尝试用作皮肤致敏检测的体内替代方法。简化的 LLNA (reduced version of LLNA，rLLNA) 只采用原实验方法的高剂量组对物质是否具有致敏作用进行筛选，但与原方法比较，尚存在某些局限性。与体内替代方法不同，能够区分敏感性与非敏感性物质的体外细胞系统的发展尚处于研究阶段。

(5) 毒物代谢动力学评价研究。化学物质的代谢动力学过程是影响替代法预测化学物质毒性的重要因素，也是制约替代法发展的"瓶颈"。物质代谢是其毒性产生及种属间和种属内差异的关键因素。利用体外替代法或计算机系统，在同时考虑化合物代谢因素的情况下预测对机体的毒性还不够理想。目前大多数体外评价系统中，其药物代谢酶活性与人体存在较大差异，在体外培养条件下药物代谢酶活力很低，或不断降低或不稳定，因而不能恰当地反映人体的实际情况。

(6) 亚急性和 (亚) 慢性毒性研究。对化学物质的毒性评价经常要求进行最低 28 天的亚急性毒性实验。亚急性和 (亚) 慢性毒性研究的目的如下：①确定化学物质作用的靶器官、潜在蓄积效应和毒性作用的可逆性；②确定无毒效应剂量，为进行风险评估提供依据。但由于以下限制性因素，目前还无法利用体外或其他替代方法取代常规亚急性或 (亚) 慢性体内实验：①体外系统不能模拟体内可能产生的各种相互作用；②多数培养细胞或组织生存期短，以及在培养条件下重要细胞功能丧失等；③利用细胞培养系统揭示物质动力学和生物转化过程的可能性极小；④一些数据如作为风险评估的临界值无可见不良效应水平 (no observed adverse effect levels，NOAELS) 等也很难利用体外系统获得。

(7) 神经毒性研究。神经毒性是化学物质危险度评价的重要内容。中枢神经系统和外周神经系统功能的特殊性导致神经毒性物质作用机制表现出高度特殊性。目前主要以整体动物神经行为、神经病理学、神经生理学和神经生物化学作为毒性终点判别化学物的神经毒性作用。

（8）生殖和发育毒性研究。生殖与发育毒性评价需要消耗大量的实验动物，因此开发用于生殖和发育毒性评价的替代方法是毒理学替代法发展的重点方向，但哺乳动物生殖周期的复杂性制约了替代方法的快速发展。已有 3 种体外模型，如胚胎干细胞实验（embryonic stem cell test，EST）、微团法（micromass，MM）和全胚胎培养实验（whole embryo culture test，WEC）正式通过验证，并被推荐为发育毒性的筛检方法。对生殖周期的研究可以将其拆分为不同的生物学过程，进行单一或组合研究。各种新技术，如人类胚胎干细胞或遗传工程细胞的发展、传感器技术、QSAR 模型及其他以模式识别为基础的技术方法（如毒理基因组学、蛋白质组学和代谢组学）对新的评价系统的构建起到了重要的作用。

（9）遗传毒性及致突变性研究。在各种毒理学检测终点中，用于化学诱变和遗传毒性检测的体外方法最多，如细菌回复突变实验（OECD TG 471）、酵母菌基因突变实验（OECD TG 480）、酵母菌分裂重组实验（OECD TG 481）、哺乳动物染色体畸变实验（OECD TG 473）、哺乳动物细胞基因突变实验（OECD TG 476）、微核实验（OECD TG 487）、姐妹染色单体互换实验（OECD TG 479）、DNA 损伤修复实验、非程序性 DNA 合成实验（OECD TG 482）。然而，这些测试方法仍然还存在某些局限性，如代谢能力不足，在具有相对细胞毒性作用的剂量下，与体内情况相比可能过度敏感。常用的啮齿动物细胞系，如 V79 和 CHO 细胞系，染色体核型不稳定以及缺乏 P53 与 DNA 损伤修复机制，这也是导致不能反映机体整体状况的重要因素，特别是在具有某些特异靶器官作用的情况下，容易获得较高的假阳性或假阴性结果。

（10）致癌性研究。研究化学致癌是一个十分复杂、多因素共同作用的长期过程，其机制不清。在过去数十年里，尽管已取得了一些进展，但仍存在许多疑惑，如癌症发生的多级过程、细胞调控改变、许多致癌物质的器官或种属特异性，以及癌变多级过程的对抗机制等。代谢失活、DNA 损伤修复、细胞周期阻滞、细胞凋亡、癌基因诱导的衰老过程以及免疫调控等多种机制均影响动物致癌性实验的剂量-反应关系。由于癌变过程的复杂性，对特定物质致癌性的预测非常困难。

参 考 文 献

［1］　孟紫强. 环境毒理学基础［M］. 北京：高等教育出版社，2003.

［2］　李永峰，王兵，应杉，等. 环境毒理学研究技术与方法［M］. 哈尔滨：哈尔滨工业大

学出版社，2011.

［3］ 张铣，刘毓谷. 毒理学 ［M］. 北京：北京医科大学、中国协和医科大学联合出版社，1997.

［4］ 邹晓平，杨丽，秦红，等. 农村男性接触有机磷农药对精液质量影响的研究 ［J］. 中国计划生育学杂志，2005（8）：476－478.

［5］ 钱仪敏，王若男，李华，等. 眼刺激性评价体外替代方法研究进展 ［J］. 中国新药杂志，2020，29（6）：618－623.

［6］ YE D J，KWON Y J，BAEK H S，et al. Discovery of ezrin expression as a potential biomarker for chemically induced ocular irritation using human corneal epithelium cell line and a reconstructed human cornea－like epithelium model ［J］. Toxicological Sciences，2018，165（2）：335－346.

第 5 章

水体环境污染对人类健康的影响

　　水是自然环境中化学物质迁移和循环的重要介质，与人类的衣、食、住、行关系密切。人类活动产生的污染物很大一部分以水溶液的形式排放。同时，其他类型的环境污染最终也常常通过各种途径进入水体。所以，水环境污染物易于对人体健康产生多种危害。常见的危害有生物地球化学性疾病，急、慢性中毒，致突变、致癌变和致畸变作用，公害病以及介水传染病等。轻者对人类身体健康产生一定的影响和危害，重者则引起严重疾病甚至导致死亡。

5.1　水污染对人体健康的影响

　　水是人们生产与生活中不可缺少的物质，水环境的质量将直接或间接影响人体的健康。

5.1.1　饮用水污染

　　经饮用水传播的疾病主要有霍乱、伤寒、痢疾、胃肠炎（可分别由致病性大肠杆菌、沙门氏菌、肠道病毒或寄生虫原虫等多种病原体引起）及肝炎等。

　　饮用水经氯化物消毒而产生的副产物具有生殖毒性。例如，氯仿、2-氯酚和2，4-二氯酚被母体摄入后，对胚胎和幼仔具有低毒性；卤乙氰对子宫具有毒性；其他的一些氯化副产物也有一定的致癌变作用。

　　饶凯锋、马梅等的研究表明，自来水厂现有的传统处理工艺对具有致突变性的有毒有机污染物没有理想的去除效果，在某些工艺单元（如加氯等）甚至有明显的增加效应。

　　李剑等应用重组孕激素基因酵母方法检测了南方某水厂不同处理工艺过程水样对孕激素受体活性的抑制水平。结果表明，重组孕激素受体基因酵母能够与孕激素专一性地结合，诱导产生明显的剂量-效应关系，EC_{50}值为0.5nmol/L，具有较高灵敏度；环境内分泌干扰物五氯酚和壬基酚具有孕激素受体抑制活性，

其 IC_{50} 值分别为 $2.4\mu mol/L$ 和 $3.7\mu mol/L$；结合固相萃取的前处理技术，重组孕激素受体基因酵母对水厂不同处理工艺水样检测出明显的孕激素受体抑制活性，抑制率均大于 58%，表明重组孕激素受体基因酵母检测技术能够快速监测和鉴别水样中具有抑制孕激素受体活性的物质。

王东红等于 2006 年 7 月，对北京市主要自来水厂的进出水进行了采集，其分析结果见表 5.1～表 5.4。

表 5.1   进行定量分析的有毒有机化合物及其浓度范围   单位：ng/L

多环芳烃	浓度范围	有机氯	浓度范围	酚类	浓度范围	挥发性有机物	浓度范围
萘	ND～54.7	α-六六六	0.1～0.8	双酚 A	ND～30.4	四氯乙烯	ND～410
1-甲基萘	ND～15.5	β-六六六	0.1～0.4	间甲基苯酚	ND～8.7	氯苯	ND～80
1-乙基萘	ND～12.1	γ-六六六	0.1～2.5	对甲基苯酚	ND～21.8	乙苯	ND～60
苊烯	ND～28.1	δ-六六六	0.1～0.2	2，4-二甲基苯酚	ND～46.7	反-1，3-二氯丙烯	ND～20
苊	ND～22.7	4，4'-滴滴滴	0.1	4-氯 3-甲基苯酚	ND～43.1	1，1-二氯乙烷	ND～370
芴	ND～22.6	4，4'-滴滴伊	0.1	2，6-二氯酚	ND～30.7	三氯甲烷	ND～2720
菲	ND～54.0	甲氧滴滴涕	0.1	2-硝基苯酚	ND～13.0	溴氯甲烷	ND～20
蒽	ND～39.7	七氯	0.1～5.9	2，4，6-三氯酚	ND～12	三氯乙烯	ND～2110
荧蒽	ND～36.4	七氯环氧化物	0.1～0.4	4-硝基苯酚	ND～314.4	一溴二氯甲烷	ND～2570
芘	ND～48.1	α-硫丹	0.1～0.2	2，4，5-三氯酚	ND～754.1	甲苯	ND～400
苯并［a］蒽	ND～70.8	β-硫丹	0.1	2，3，4，6-四氯酚	ND～24.4	1，1-二氯乙烯	ND～60
	ND～58.1	硫丹硫酸酯	-0.2	壬基酚	ND～836.7	反-1，2-二氯乙烯	ND～70
苯并［b］荧蒽	ND～57.9	艾氏剂	0.1～0.8	五氯酚	ND～113.8		
苯并［k］荧蒽	ND～75.3	狄氏剂	0.1～0.2				

续表

多环芳烃	浓度范围	有机氯	浓度范围	酚类	浓度范围	挥发性有机物	浓度范围
苯并［a］芘	ND～70.7	异狄氏剂	0.1				
芘	ND～2.0	异狄氏剂醛	0.1～0.2				
茚并［1，2，3-c，d］芘	ND～3.7	异狄氏剂酮	0.1～0.4				
		α-氯丹	0.1～0.5				
		γ-氯丹	0.1～0.2				

注　ND 为未检出。

表 5.2　　　　定性分析得到的污染物种类及其检出率（19 个样本）

化　合　物	检出率/%	化　合　物	检出率/%	化　合　物	检出率/%
苯甲醇	95	7 甲氧基-2，2，4，8 四甲基三环十一烷	42	7 甲醇—2 羟基—1，7 二甲基—二环［221］庚烷	5
敌敌畏	95	五氯乙烷	37	环戊烯	5
苯甲酮	95	苯胺	32	5-癸烯	5
五氯硝基苯	95	丁苯	26	5，8-二乙基癸烷	5
联苯	95	六氯乙烷	21	十二烷异己基酯草酸	5
苯乙酮	95	2 酚-1，7，7 三甲基—二环［221］庚烷	16	2，2，4-三甲基—1，3-戊二醇单异丁酸酯	5
二苯呋喃	84	2，2'，5，5'-四氯联苯	16	十二烷己基酯草酸	5
仲丁威	84	3-氯苯胺	11	四癸酸	5
9，10-蒽醌	79	腐霉利	11	2-甲氧基—1-丙醇	5
萘二甲酸酐	74	3-乙烷基—5-亚甲基庚烷	11	2-甲基—4，6-二硝基苯酚	5
N，N-二乙基间甲苯甲酰胺	68	六氯代环戊二烯	11	邻甲苯胺	5
叔丁基-4-羟基茴香醚	68	残杀威	11	2，3，4，5-四氯苯酚	5
十氯二苯	58	环癸［b］呋喃	11	1，4-二甲基环辛烷	5
异佛乐酮	53	乙基环十二烷	5	4-（1，1-甲基乙基）—2-甲基苯硫酚	5

化 合 物	检出率/%	化 合 物	检出率/%	化 合 物	检出率/%
邻苯基苯酚	53	特乐酚	5	乙草胺	5
磷酸三丁酯	53	亚硝基二苯胺	5	4，5-二羟基苯并[e]芘	5
对异丙基甲苯	42	二苯胺	5	1-异丁烯—3-甲基环戊烷	5

表 5.3   北京市自来水厂进出水中各类有机污染物的平均浓度   单位：ng/L

	进水平均值	标准偏差	出水平均值	标准偏差
多环芳烃（总量）	305.3	72.0	167.5	55.0
多环芳烃（致癌性）	146.4	38.6	53.6	56.5
有机氯农药	4.61	1.86	3.46	1.27
酚类（总量）	1309.6	1075.0	319.0	312.0
酚类（内分泌干扰效应）	595.8	246.7	222.6	278.8
挥发性有机化合物	1570	72	3580	258

表 5.4   样本中定量检出的部分化合物的健康风险

化合物	NRWQC/(ng/L)	DWSHA/(ng/L)	出现的最高浓度/(ng/L)	检出率/%
荧蒽	1300000	—	36.4	16
苊	6700000	—	22.7	68
蒽	83000000	—	39.7	95
芴	11000000	—	22.6	95
2，4，6-三氯酚	140000	300000	12	16
α-硫丹	620000	—	0.2	100
β-硫丹	620000	—	0.1	100
硫丹硫酸脂	620000	—	0.2	16
氯苯	1300000	30000	80	26
三氯甲烷	570000	—	2720	58
1，1-二氯乙烯	3300000	—	60	79
甲苯	13000000	—	0.4	47
异狄氏剂醛	2900	—	0.4	100
α-六六六	26	—	0.8	100

续表

化合物	NRWQC/(ng/L)	DWSHA/(ng/L)	出现的最高浓度/(ng/L)	检出率/%
β-六六六	91	—	0.4	100
γ-六六六	9800	—	2.5	95
氯丹	8	10000	0.5	100
p，p'-DDT	22	—	0.1	100
p，p'-DDE	22	—	0.1	100
p，p'-DDD	31	—	0.1	95
五氯酚	2700	—	113.8	68
茚并［1，2，3-c，d］芘	38	—	3.7	89
一溴二氯甲烷	5500	—	2570	21
狄氏剂	0.52	—	0.2	100
环氧七氯	0.39	400	0.4	100
艾氏剂	0.49	200	0.8	100
苯并［a］蒽	38	—	70.8	16
苯并［a］芘	38	500	70.7	5
苯并［b］荧蒽	3.8	—	57.9	21
苯并［k］荧蒽	3.8	—	75.3	47
䓛	38	—	58.1	26
七氯	0.79	800	5.9	100

刘新等于 2009 年 12 月—2010 年 12 月采集了全国主要城市 80 个主要自来水厂的出水，分析结果表明，各自来水厂的出水中多环芳烃（PAHs）总量为 174.02～658.44ng/L，其中致癌性多环芳烃总量为 55.08～173.36ng/L，致癌性多环芳烃占多环芳烃总量比例最高可达 49.68％。就其组成而言，出水中多环芳烃以三环芳烃为主（31％～37％），但各环均有检出。经健康风险评价，自来水厂出水中多环芳烃对人体健康的风险值是 10^{-6}/a。各地区自来水厂出水中多环芳烃浓度范围见表 5.5～表 5.10。

表 5.5　　　　　华北地区自来水厂出水中 PAHs 浓度统计结果

化 合 物 名 称	样点数	检出率/%	最小值/(ng/L)	最大值/(ng/L)	平均值/(ng/L)
萘	22	55	ND	120.48	20.69
苊烯	22	100	4.10	17.77	8.11
苊	22	100	1.34	8.06	3.94

化 合 物 名 称	样点数	检出率 /%	最小值 /(ng/L)	最大值 /(ng/L)	平均值 /(ng/L)
芴	22	100	20.75	61.64	31.47
菲	22	100	32.28	116.05	59.16
蒽	22	100	8.39	86.84	30.93
荧蒽	22	100	15.23	40.55	23.67
芘	22	100	6.75	33.45	14.60
苯并［a］蒽	22	100	12.22	42.90	15.53
䓛	22	45	ND	28.56	3.88
苯并［b］荧蒽	22	100	11.86	31.21	15.79
苯并［k］荧蒽	22	100	14.98	32.68	19.60
苯并［a］芘	22	100	6.32	48.44	9.91
茚并［1，2，3-c，d］芘	22	100	9.66	12.18	10.11
二苯并［a，h］蒽	22	100	18.79	23.50	19.57
苯并［g，h，i］苝	22	100	5.63	7.06	5.96
ΣCPAHs	22		55.12	134.40	74.81
ΣPAHs	22		183.43	439.88	292.90

表 5.6　　　　西北地区自来水厂出水中 PAHs 浓度统计结果

化 合 物 名 称	样点数	检出率 /%	最小值 /(ng/L)	最大值 /(ng/L)	平均值 /(ng/L)
萘	18	83	0	22.18	9.03
苊烯	18	100	4.69	6.47	5.39
苊	18	100	1.21	5.51	2.89
芴	18	100	29.08	64.16	41.55
菲	18	100	76.26	272.49	143.01
蒽	18	100	14.55	25.13	18.46
荧蒽	18	100	15.13	32.21	23.75
芘	18	100	9.80	45.47	20.52
苯并［a］蒽	18	100	12.23	84.99	19.87
䓛	18	78	0	95.65	23.53
苯并［b］荧蒽	18	100	11.86	13.88	12.34
苯并［k］荧蒽	18	100	14.96	17.93	15.63

续表

化 合 物 名 称	样点数	检出率/%	最小值/(ng/L)	最大值/(ng/L)	平均值/(ng/L)
苯并［a］芘	18	100	6.33	12.67	7.52
茚并［1，2，3-c，d］芘	18	100	9.65	11.19	9.96
二苯并［a，h］蒽	18	100	18.79	18.96	18.81
苯并［g，h，i，］苝	18	100	5.63	5.78	5.66
∑CPAHs	18		55.43	183.35	88.85
∑PAHs	18		252.58	658.44	377.93

表5.7　　　　西南地区自来水厂出水中PAHs浓度统计结果

化 合 物 名 称	样点数	检出率/%	最小值/(ng/L)	最大值/(ng/L)	平均值/(ng/L)
萘	15	73	0	105.03	30.09
苊烯	15	100	5.22	12.58	8.52
苊	15	100	0.91	3.68	2.29
芴	15	100	21.76	32.32	25.32
菲	15	100	64.62	149.00	95.32
蒽	15	100	11.56	125.85	60.77
荧蒽	15	100	17.88	33.65	26.25
芘	15	100	11.94	34.70	22.06
苯并［a］蒽	15	100	12.28	54.68	24.95
屈	15	60	0	30.24	9.43
苯并［b］荧蒽	15	100	11.91	12.52	12.18
苯并［k］荧蒽	15	100	15.00	19.70	15.55
苯并［a］芘	15	100	6.33	17.87	7.81
茚并［1，2，3-c，d］芘	15	100	9.70	10.38	9.94
二苯并［a，h］蒽	15	100	18.79	18.85	18.81
苯并［g，h，i］苝	15	100	5.63	6.09	5.69
∑CPAHs	15		55.73	135.35	79.86
∑PAHs	15		297.61	520.71	374.99

表 5.8 华南地区自来水厂出水中 PAHs 浓度统计结果

化 合 物 名 称	样点数	检出率/%	最小值/(ng/L)	最大值/(ng/L)	平均值/(ng/L)
萘	12	75	0	97.22	15.53
苊烯	12	100	4.08	11.66	6.47
苊	12	100	0.72	5.03	2.78
芴	12	100	18.89	29.82	26.05
菲	12	100	33.33	139.77	59.86
蒽	12	100	7.89	125.78	32.50
荧蒽	12	100	15.79	29.94	20.47
芘	12	100	7.55	60.08	18.63
苯并［a］蒽	12	100	12.27	33.58	15.21
屈	12	58	0	79.45	8.67
苯并［b］荧蒽	12	100	11.87	15.41	12.36
苯并［k］荧蒽	12	100	14.96	18.21	15.56
苯并［a］芘	12	100	6.33	15.85	7.64
茚并［1，2，3-c，d］芘	12	100	9.68	10.77	9.89
二苯并［a，h］蒽	12	100	18.79	18.84	18.80
苯并［g，h，i］芘	12	100	5.64	6.13	5.74
∑CPAHs	12		55.14	154.84	69.34
∑PAHs	12		174.02	456.43	276.17

表 5.9 东北地区自来水厂出水中 PAHs 浓度统计结果

化 合 物 名 称	样点数	检出率/%	最小值/(ng/L)	最大值/(ng/L)	平均值/(ng/L)
萘	13	69	0	28.65	9.13
苊烯	13	100	4.14	8.40	5.67
苊	13	100	0.37	5.27	2.59
芴	13	100	15.56	28.44	21.87
菲	13	100	22.88	62.31	38.81
蒽	13	100	8.07	54.44	27.32
荧蒽	13	100	13.95	29.36	19.69
芘	13	100	6.25	17.48	10.57
苯并［a］蒽	13	100	12.21	23.46	15.87

续表

化 合 物 名 称	样点数	检出率/%	最小值/(ng/L)	最大值/(ng/L)	平均值/(ng/L)
䓛	13	31	0	6.98	2.00
苯并 [b] 荧蒽	13	100	11.85	14.89	12.62
苯并 [k] 荧蒽	13	100	14.95	18.76	15.89
苯并 [a] 芘	13	100	6.32	8.28	6.74
茚并 [1，2，3-c，d] 芘	13	100	9.67	12.10	10.27
二苯并 [a，h] 蒽	13	100	18.79	23.50	19.88
苯并 [g，h，i] 芘	13	100	5.63	7.05	5.96
∑CPAHs	13		55.08	73.69	63.39
∑PAHs	13		178.77	300.50	224.87

表 5.10　　全国自来水厂出水中多环芳烃总量浓度平均值的空间分布

采 样 区 城	范围/(ng/L)	平均值/(ng/L)
西北地区	252.58～658.44	377.93
西南地区	297.61～520.71	374.99
东北地区	183.43～439.88	292.90
华南地区	174.02～456.43	276.17
东北地区	178.77～300.50	224.87

宋瀚文等于 2009 年 12 月—2012 年 9 月采集了全国 36 个重点城市（省会城市和计划单列市）共计 98 个自来水厂的出厂水样。出水中多环芳烃浓度范围为 17.5～408.3ng/L，致癌性多环芳烃（苯并 [a] 蒽，䓛，苯并 [b] 荧蒽，苯并 [k] 荧蒽，苯并 [a] 芘，茚并 [1，2，3-c，d] 芘）的总量浓度为 ND～94.7ng/L。

5.1.2　水环境污染

人类对自然资源大规模开发和利用的同时也向水体排放大量的各类污染物，危害人类健康。如在工业（包括矿业）、农业和城镇生活排放的污水中，许多对人体健康有害的化合物（如有机污染物、重金属物质和病菌等）通过各种途径进入人类生活用水的水环境中，从而给人类健康带来严重的威胁。

阿特拉津是目前世界范围内广泛使用的除草剂。但研究表明，阿特拉津对水生动植物、两栖类生物、哺乳动物、人类细胞都有不同程度的损害作用。Hayes 等 2006 年对被阿特拉津污染的 8 个地区的蛙类及环境中阿特拉津含量进行了研究，发现在这些地区中有 92% 的蛙类发生了性腺变异，精巢和卵形态异常。实验室的研究也发现，阿特拉津浓度为 0.1μg/L 时，有三分之一的美洲豹纹蛙蝌蚪体内出现了变异的混合性腺；0.5μg/L 的阿特拉津就可使水蚤的性别向雄性分化。

近些年，在欧盟许多国家的地下水、河流、湖泊和港湾中不断检测出阿特拉津的残留。Hoffman 等在 2000 年发现美国 8 条城市河流中阿特拉津、西玛津、甲草胺等除草剂检出率很高，西班牙 4 个城市的饮用水中发现有西玛津、阿特拉津、甲基对硫磷和对硫磷。Martun 等 1998 年研究发现在加拿大魁北克市 Yamaska 河河口附近水域及其 5 个支流中，阿特拉津的最高浓度一般都超过了加拿大为保护水生生物而制定的水质标准（<2.0μg/L）。Cai 等 2004 年报道香港地区 Shing Mun 水库和 Lam Tsuen 河水中阿特拉津的含量为 3.4～26.0μg/L。严登华等 2007 年分析了东辽河流域旱田分布区和非旱田分布区内地表水中阿特拉津的平均含量分别为 9.71μg/L 和 8.854μg/L。任晋等在 2002 年和 2004 年报道了北京官厅水库阿特拉津的残留量，分别为 0.67～3.90μg/L、0.155～11.400μg/L。王子健等 2002 年报道了监测淮河 4 个断面阿特拉津的残留量分别为 76.4μg/L、80.0μg/L、72.5μg/L、81.3μg/L，其含量均超过了我国生态环境部规定的地表水（Ⅰ类、Ⅱ类）中阿特拉津的最大允许浓度 3μg/L。

宋瀚文等于 2012 年 7—11 月，采集了我国五大主要流域（辽河、海河、黄河、长江和淮河）的 24 个饮用水水源地，各大流域采样点数分别为辽河 5 个、海河 4 个、黄河 5 个、长江 5 个和淮河 5 个，分析了其中 14 种酚类。结果表明，14 种酚类化合物在我国饮用水源地中的浓度在 ND～213ng/L 范围内，浓度均值在 2.44～31.2ng/L 范围内，浓度中位数在 ND～40.0ng/L 范围内。14 种酚类化合物中，两种硝基苯酚类化合物（2-硝基苯酚和 4-硝基苯酚）浓度较高；其次为苯酚、五氯酚、二氯苯酚（2，4-二氯苯酚和 2，6-二氯苯酚）和三氯苯酚（2，4，6-三氯酚和 2，4，5-三氯酚）；四氯苯酚（2，3，5，6-四氯酚、2，3，4，6-四氯酚和 2，3，4，5-四氯酚）和烷基苯酚（邻甲基苯酚、间甲基苯酚和对甲基苯酚）浓度较低。通过商值法对 14 种酚类化合物进行生态风险表征后发现，14 种酚类化合物在我国饮用水水源地中的生态风险较低。对已报道健康参考剂量或致癌斜率因子的 8 种酚类化合物的健康风险评价结果显示，7 种酚类化合物的非致癌风险的风险商远小于 1，表明非致癌风险可能较弱；2，4，6-三氯酚和五氯酚的致癌风险在 10^{-6} 以下，处于可忽略范围内；所评价的这 8 种酚类化合物可能不具有显著的健康危害。将研究结果与该实验室之前的调查结果进行对比后发现，我国五大流域主要饮用水源地中 3 种氯取代酚的浓度低于地表水浓度，表明饮用水源地保护对减少饮用水源水中 3 种氯酚的浓度具有重要意义。

有文献对中国主要七大水系（长江、黄河、珠江、辽河、海河等）及其他进行过系统研究的地表水以及河流中 PAHs 的浓度数据进行统计分析，见表 5.11～表 5.13。

表 5.11　　　　　　　　中国主要河流及地表水中 PAHs 样本统计量

河流（地表水）	水相采样点个数	沉积相采样点个数	样本剔除率/%
长江	11	30	0.5
黄河	26	26	0.4
珠江	12	9	0.3
辽河	12	12	4.2
海河	NA	13	3.2
淮河	NA	18	2.1
天津地表水	10	9	3.6
松花江	NA	9	1.2
通惠河（北京）	16	16	0.2
钱塘江	180	38	2.8
杭州地表水	17	11	1.4
高平河（中国台湾地区）	48	48	0.6
九龙河（中国香港地区）	17	9	4.1

注　"NA"表示数据未获得。

表 5.12　　　　　　　　中国河流水相中 7 种 PAHs 的含量

PAHs	样　本　量	平均值/(μg/L)	标准偏差/(μg/L)
菲	103	0.345	0.524
蒽	95	0.351	0.471
荧蒽	102	0.346	0.655
芘	81	0.184	0.278
苯并［a］蒽	73	0.221	0.418
䓛	59	0.053	0.162
苯并［a］芘	79	0.490	0.772

表 5.13　　　　　　　　7 种 PAHs 对水生生物的慢性毒性数据

PAHs	水生生物样本数	平均值/(μg/L)	最小值/(μg/L)	最大值/(μg/L)
菲	99	42.622	0.012	2440
蒽	68	12.672	4.5E－09	200

PAHs	水生生物样本数	平均值/(μg/L)	最小值/(μg/L)	最大值/(μg/L)
荧蒽	225	3.623	0.001	75
芘	58	13.152	0.005	670
苯并〔a〕蒽	3	0.069	0.042	0.1
䓛	4	23.240	17	30
苯并〔a〕芘	37	177.663	0.039	3710

2003年，柳丽丽等采集了北京周边永定河、潮白河、密云水库、京密引水渠、小钟河、小清河、凤河等12个河流水系的地表水样品，α-六六六、β-六六六、γ-六六六、δ-六六六、4，4'-滴滴涕的检出率分别为75%、81.2%、90.6%、34.4%、37.5%，检出浓度为0.31~77.9ng/L。其中，六六六的总浓度为0.54~25.4ng/L，占有机氯农药总量的47.3%，滴滴涕的含量占有机氯农药总量的51.6%。根据结构分析，六六六主要来源于以往所使用有机氯农药的残留，并没有新的污染输入来源，而滴滴涕来自新的污染排放源。

陈锡超等2012年采用非目标筛查的方法，对1655种有机污染物进行了定性筛查。定量分析检出43种挥发性有机物（VOCs），浓度为ND~8.17μg/L；8种羰基化合物，浓度为ND~5.04μg/L；7种嗅味物质，浓度为ND~1421.58ng/L。在检出的58种污染物中，列入国家《生活饮用水卫生标准》（GB 5749—2006）的共有23种，列入国家《地表水环境质量标准》（GB 3838—2002）的共有22种，检出浓度均未超过相关标准。对所检出的污染物进行了危害识别，发现5种嗅味物质浓度均超过了其嗅阈值。2012年调查中官厅水库水中的有机微污染对人体健康的风险总体上处于较低水平。其中，苯系物在官厅水库中普遍存在，六氯丁二烯和巴豆醛是主要的风险特征污染物，2-异丙基-3-甲氧基吡嗪（IPMP）、2-异丁基-3-甲氧基吡嗪（IBMP）和2，4，6-三氯茴香醚（TCA）是主要的致嗅特征污染物。

5.1.3 水污染造成食品污染

水中的污染物通过食物链进入人类每天都在食用的各种食品中，对人体健康产生严重的危害。例如，水体污染能直接引起水生生物中有害物质的积累，而对陆生生物的影响主要由灌溉水污染造成。灌溉水污染会引起农作物有害物质含量增加，许多国家禁止在干旱地区生食污水灌溉（污灌）的作物，对烧煮后食用的作物在收获前20~45天停止污水灌溉等。从我国水污染的现状看，一些水系支流水污染较为严重，水质甚至已经达到劣Ⅴ类，已经不符合农业灌溉用水的要求。但农田灌溉用水很少经过水处理，而是直接使用，超标的污染物已达到影响农产品的品质，进而危害人体健康的程度。抽样调查表明：中国辽宁省沈阳市张士灌区的 52 人尿镉含量为 0.05～3.83μg/kg，平均为 0.42μg/kg，明显高于对照区，污灌区镉已在人群体内积累；桂林阳朔镉污染区农民中已出现有类似痛痛病早期和中期的症状和体征的病例，污染区居民日摄入镉量达 0.422mg，是世界卫生组织规定的日摄入镉量的 6 倍。污灌区居民普遍反映，稻米的黏度降低，粮菜味道不好，蔬菜易腐烂，不耐储藏，土豆畸形、黑心等。沈阳和抚顺污灌区用高浓度石油废水灌溉水稻后，芳香烃在稻米中积累，米饭有异味。

对北京城郊污灌土壤-小麦体系中重金属富集特征的研究指出，经过十几年城市生活污水和废水的灌溉后，农田土壤中 Cu、Cd、Cr、Pb 和 Zn 的含量出现积累现象，地上农作物小麦籽粒中的 Cr 和 Zn 的含量明显超出国家标准限值。

养殖污水也成为农田灌溉的重要来源。由于饲料添加剂的应用，养殖污水中常常含有较高的 Cu 和 Zn 等重金属元素，长期使用养殖污水进行灌溉，存在着土壤和蔬菜中 Cu 和 Zn 积累的潜在风险。

17α-甲基睾丸酮是一种人工合成雄激素类药物，在水产养殖业中，一直被当作苗种培育和性别控制等方面的特效药物。刘阿朋等研究发现，其对稀有鮈鲫幼鱼的最低可观察效应浓度（LOEC）为 50ng/L，具有明确的内分泌干扰效应。

李天云等研究了购自福建水产市场上的河蚬，测定了闽江某河段河蚬体内多环芳烃（PAHs）和有机氯农药（OCPs）的含量。部分河蚬体内检测到的多环芳烃（PAHs）的含量为（662.95±16.03）ng/g 干重，有机氯农药（OCPs）的含量为（24.12±1.33）ng/g 干重。河蚬组织中 PAHs 的含量由大到小依次为鳃、内脏、肌肉。河蚬中易累积低分子量 PAHs，主要是三环 PAHs。在鳃、肌肉和内脏中检测到的三环芳香烃占检出的 PAHs 总量的比率分别为 62.23%、47.04% 和 36.96%。

邵立娜等于 2009 年 7 月，在烟台近海海域的 3 个海区，采集了 3 种常见虾、蟹样品，同时在市场上购买了 7 种双壳贝类样品，测定了生物体中 Sn 和 Hg 的含量。生物体内 Sn 和 Hg 含量分别为 0.375～0.570mg/kg 和 0.060～0.340mg/kg。就市售双壳贝类而言，牡蛎对 Sn 有较高的累积能力，Sn 含量为 0.570mg/kg，而紫贻贝对 Hg 的累积量最高，为 0.340mg/kg，污染指数为 1.13，属于严重污染。虽然该近海海域未显著受到重金属 Sn 和 Hg 的污染，但从健康考虑，人们应食用远离排污区和港口区的海产品。

5.2　赤潮和水华对人体健康的影响

赤潮（red tide）是海洋中某些微小（2～20μm）的浮游藻类、原生动物或更小的细菌，在一定的条件下爆发性繁殖或突然性聚集，引起水体变色的一种现象。赤潮是海洋环境污染的一种危险信号。海洋中约有 4000 种浮游藻类，其中约 300 种是可导致海水变色的赤潮种。在 300 种赤潮种中约有 70 种能产生毒素，可通过食用鱼或贝类等对人类造成毒害，造成人类消化系统或神经系统中毒，严重的还可致死。此外，还可造成大量的养殖贝类、虾类、蟹类和鱼类中毒死亡，也有鳟鱼、海豚、海牛、海鸟、海狮和海鲸中毒死亡的报道。

水华（water blooms）是一种普遍发生的淡水污染现象。水华是由水中藻类如蓝藻、绿藻、硅藻等引起的。水华发生时，水体呈蓝色或绿色。我国淡水富营养化水华频繁发生，面积逐年扩散，持续时间逐年延长。水华产生的藻毒素造成的最大危害是引起鱼类死亡，也会使饮用水源受到威胁，并通过食物链影响人类的健康。蓝藻水华能损害肝脏，具有促癌效应，直接威胁人类的健康和生存。

例如，澳大利亚以铜绿微囊藻污染严重的水库为饮用水源的居民作为研究对象发现，该地居民血清中某些肝脏酶含量增高；在中国泰兴肝癌高发区，对不同饮水类型的人群进行比较研究后发现，长期饮用微囊藻毒素污染的水导致乙型肝炎病毒感染标志物及血清丙氨酸氨基转移酶（ALT）及碱性磷酸酶（ALP）等指标显著高于对照组。

张强对太湖湖区 6 个区域（梅梁湖、贡湖、湖东区、西南区、湖心区、西北区）进行为期一年（2011 年 11 月—2012 年 10 月）的水质监测，分析了总微囊藻毒素（TMC）和溶解性微囊藻毒素（EMC）的分布状况。评价结果表明，在夏秋季节，浮游植物生物量中蓝藻所占比例大，优势种为水华微囊藻、惠氏微囊藻、阿氏拟鱼腥藻和颤藻。根据水质单项指标评价，6 个区域中西北区和西南区为劣 V 类水质，梅梁湖、贡湖、湖东区和湖心区为 V 类水质；EMC 与 TMC 含量存在明显的线性相关性，EMC/TMC 比例也反映了藻毒素浓度和蓝藻暴发的情况。

5.3　水体沉积物对人体健康的影响

污染物通过直接排放、地表径流、干湿沉降等过程进入水体后，将在水体沉积物中逐步富集，在一定条件下污染物又可经解析、扩散、分配等环境过程重新释放到水体中。因此，水体沉积物对污染物在水生生物中的富集以及在水环境中的迁移转化起到了至关重要的作用，与整个生态系统及人类健康有着密切的联系。重金属和持久性有机污染物能在水体沉积物中累积到很高水平，且在水体环境条件未发生显著变化时保持相对稳定状态，因此记录了水体长期的污染水平；而当水体环境条件发生变化时，蓄积在水体沉积物中的污染物可能重新进入水体，造成新的污染事件。

　　通常水体沉积物的致毒因子可分为氨氮、重金属和有机污染物三大类。而受污染的水体沉积物往往是受到了一种或几种类型污染物的复合污染。水体沉积物中三大类污染物的毒性贡献分配情况见图 5.1。

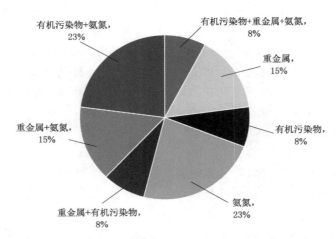

图 5.1　水体沉积物中三大类污染物毒性贡献分配情况

　　水体沉积物的毒性往往是多种污染物以及它们的各种复杂中间产物复合作用的结果。例如有机氯农药的疏水亲脂特性使其在水体中的含量较低，大部分经物理化学作用进入水体沉积物或富集于生物体中，而生物体死亡后也进入沉积环境，因此水体沉积物是毒害性有机污染物的最终归宿之一。毒害性有机污染物一方面通过沉积物的再悬浮作用重新进入水体，另一方面通过水生生物体的富集经由食物链传递而危害人类健康。乔敏等分析了梅梁湾沉积物中有机氯农药的残留现状，所测样品中有机氯农药总浓度为 $1.78\sim64.74ng/g$，数据表明有机氯农药中六六六（HCHs）可能有新的污染源输入。王炳一等测定了天津市永定新河沉积物和同步采集的溞体内多氯联苯（PCBs）和多溴联苯（PBBs）含量，结果显示，在永定新河沉积物中主要检出的 18 种 PCBs 和 14 种 PBBs 总含量分别为 $492.4\sim3251.9ng/g$ 和 $429.7\sim2950.0ng/g$（以有机碳计），而在溞体内 PCBs 和 PBBs 的总含量分别是 $301.8\sim1765.4ng/g$ 和 $309.7\sim1987.8ng/g$（以脂肪计），永定新河沉积物中 PCBs 和 PBBs 均处在较高污染水平。

　　Stronkhorst 等对砂质河口区沉积物间隙水进行 TIE 分析，采用 pH 值梯度调节，并结合端足类动物存活实验、海胆繁殖实验鉴定，认为沉积物毒性的主要致毒因子是铵盐；通过发光菌抑制实验鉴定认为，主要致毒因子是硫化物；应用 C_{18} 固相萃取前后毒性变化，得出主要致毒因子为有机污染物。

　　太湖水体沉积物的芳烃受体效应干扰物中多环芳烃组分约占 80%（质量分

数）；而温榆河水体沉积物中的芳烃受体效应干扰物中酸不稳定组分约占65%，分布在此组分中的多环芳烃（PAHs）贡献不大，而一种中药成分、色氨酸的代谢物靛玉红可能是此组分中重要的芳烃受体效应干扰物。

芳烃受体效应干扰物是一类在环境中广泛存在的污染物，能与芳烃受体产生专一性结合，化学结构差异大，从易降解的植物分泌物到持久性、高生物富集的多氯代二苯，以及二噁英、多氯联苯、多氯代萘和其他一些卤代芳烃类化合物都具有芳烃受体效应。芳烃受体效应干扰物通过与芳烃受体结合，影响相应基因的表达或相关信号传导通路，从而引起毒理学效应。芳烃受体效应干扰物一般表现为较强的疏水性，通常水体沉积物中的大部分污染物为这类污染物。在不同的水体沉积物中，芳烃受体效应干扰物的组成分布与当地的工业布局密切相关，水体沉积物中芳烃受体效应的高低，在一定程度上代表了水体受持久性有机污染物污染的状态及其潜在生态影响，如大沽排污河高浓度的芳烃受体效应和类雌激素受体效应与该地区长期生产难降解有机氯农药有一定的关系，不同水体沉积物中芳烃受体效应干扰物和类雌激素受体效应干扰物质量浓度比较见表5.14。

表5.14 不同水体沉积物中芳烃受体效应干扰物和
类雌激素受体效应干扰物质量浓度

水体沉积物	芳烃受体效应干扰物 /(ng/kg)	类雌激素受体效应干扰物 /(ng/kg)
海河水体沉积物	330.0～930.0	8240.0～37000.0
大沽排污河水体沉积物	1200.0～13900.0	37000.0～95280.0
太湖水体沉积物	18.0～36.0	
韩国 Shihwa 湖水体沉积物	14.0～868.0	52.4～467.0
Masan 湾水体沉积物	17.0～275.0	0.1～103.0
威尼斯浅水湖水体沉积物	0.5～2857.0	
美国南密西西比州典型河流水体沉积物	1.3～619.0	
荷兰 Wadden 海水体沉积物		1360.0～10880.0
天津典型河流水体沉积物	19.0～1227.0	40.0～6203.0

类雌激素受体效应干扰物是一类在环境中广泛存在、能对生态系统和人类健康产生重要影响的污染物。此类污染物干扰正常雌激素代谢模式或相关信号通路，导致野生动物性发育和性别比例异常，如腹足类动物的性畸变、鱼类的雌性化等现象。这些影响不仅能在生物体中逐步累积并产生不可逆性的恶化，

还能通过母体传递到下一代，严重影响生态系统的可持续性。大量数据表明，水体沉积物中这类污染物主要包括：①来自生活、工业污水及养殖废水的天然生成或人工合成的雌激素类物质，例如 17β-雌二醇（E2）、雌酮（E1）、雌三醇（E3）、17-乙炔基雌二醇（EE2）、己烯雌酚（DES）和戊酸雌二醇（EV）等；②来自工业源的外源性类雌激素受体效应干扰物，例如烷基酚、邻苯二甲酸酯和一些有机氯农药等。与芳烃受体效应干扰物相似，类雌激素受体效应干扰物在环境中来源差异大，组成复杂多变，在水体沉积物中能累积到较高的浓度水平。有数据表明，我国北方缺水河流的水体沉积物中类雌激素受体效应干扰物的浓度相当高（表 5.14）。

参 考 文 献

[1]　黄建洪，张琴. 水环境污染健康风险评价中饮水量暴露参数的研究进展 [J]. 卫生研究，2021，50（1）：146-153.

[2]　孟紫强. 环境毒理学基础 [M]. 北京：高等教育出版社，2003.

[3]　李永峰，王兵，应杉，等. 环境毒理学研究技术与方法 [M]. 哈尔滨：哈尔滨工业大学出版社，2011.

[4]　饶凯锋，马梅，王子健，等. 北方某水厂的类雌激素物质变化规律 [J]. 中国给水排水，2005，21（4）：13-16.

[5]　MA M, WANG Z J, SHANG W, et al. Mutagenicity and acute toxicity of water from different treatment processes in Beijing waterworks [J]. Journal of Environmental Science and Health（A），2000，35（10）：88-96.

[6]　李剑，崔青，马梅，等. 应用重组孕激素基因酵母测定饮用水中内分泌干扰物的方法 [J]. 环境科学，2006，27（12）：2462-2466.

[7]　王东红，原盛广，马梅，等. 饮用水中有毒污染物的筛查和健康风险评价 [J]. 环境科学学报，2007，27（12）：1937-1943.

[8]　刘新，王东红，马梅，等. 中国饮用水中多环芳烃的分布和健康风险评价 [J]. 生态毒理学报，2011，6（2）：207-214.

[9]　宋瀚文，张博，王东红，等. 我国 36 个重点城市饮用水中多环芳烃健康风险评价 [J]. 生态毒理学报，2014，9（1）：42-48.

[10]　陈建军，何月秋，祖艳群，等. 除草剂阿特拉津的生态风险与植物修复研究进展 [J]. 农业环境科学学报，2010，29（增刊）：289-293.

[11]　叶新强，鲁岩，张恒. 除草剂阿特拉津的使用与危害 [J]. 环境科学与管理，2006，31（7）：95-97.

[12]　王子健，吕怡兵，王毅，等. 淮河水体取代苯类污染及其生态风险 [J]. 环境科学学报，2002，22（3）：300-303.

[13]　宋瀚文，王东红，徐雄，等. 我国 24 个典型饮用水源地中 14 种酚类化合物浓度分布

特征［J］. 环境科学学报，2014，34（2）：355－362.

［14］ 冯承莲，雷炳莉，王子健. 中国主要河流中多环芳烃生态风险的初步评价［J］. 中国环境科学，2009，29（6）：583－588.

［15］ 柳丽丽. 北京地区水环境中有机氯农药的研究［D］. 北京：北京工业大学，2003.

［16］ 陈锡超，罗茜，宋翰文，等. 北京官厅水库特征污染物筛查及其健康风险评价［J］. 生态毒理学报，2013，8（6）：981－992.

［17］ 章明奎，刘丽君，黄超. 养殖污水灌溉对蔬菜地土壤质量和蔬菜品质的影响［J］. 水土保持学报，2011，25（1）：87－91.

［18］ 朱宇恩，赵烨，李强等. 北京城郊污灌土壤-小麦（Triticum aestivum）体系重金属潜在健康风险评价［J］. 农业环境科学学报，2011，30（2）：263－270.

［19］ 刘阿朋，查金苗，王子健，等. 17α-甲基睾丸酮对稀有鮈鲫幼鱼性腺发育与血清卵黄蛋白原水平的影响［J］. 生态毒理学报，2006，1（3）：254－258.

［20］ 李天云，孙凡，黄圣彪，等. 闽江某河段河蚬组织中多环芳烃和有机氯农药的蓄积特征［J］. 西南师范大学学报（自然科学版），2007，32（6）：72－77.

［21］ 邵立娜，任宗明，张高生，等. 烟台近海海域经济类海洋生物体内 Sn、Hg 的含量分析［J］. 环境科学，2011，32（6）：1696－1702.

［22］ 张强. 太湖饮用水源地水质调查与评价［D］. 无锡：江南大学，2013.

［23］ 王子健，骆坚平，查金苗. 水体沉积物毒性鉴别与评价研究进展［J］. 环境污染与防治，2009，31（12）：35－41.

［24］ CONNOR M S. Fish/sediment concentration ratios for organic compounds［J］. Environmental Science & Technology，1984，18（1）：31－35.

［25］ HO K，BURGESS R，PELLETIER M，et al. An overview of toxicant identification in sediments and dredged materials［J］. Marine Pollution Bulletin，2002，44（4）：286－293.

［26］ 乔敏，王春霞，黄圣彪，等. 太湖梅梁湾沉积物中有机氯农药的残留现状［J］. 中国环境科学，2004，24（5）：592－595.

［27］ 王炳一，骆坚平，马梅，等. 天津永定新河沉积物中多卤联苯的污染水平和生物有效性［J］. 环境科学学报，2009，29（11）：2427－2432.

［28］ STRONKHORST J，SCHOT M E，DUBBELDAM M C，et al. A toxicity identification evaluation of silty marine harbor sediments to characterize persistent and non－persistent constituents［J］. Marine Pollution Bulletin，2003，46（1）：56－64.

［29］ QIAO M，CHEN Y，ZHANG Q，et al. Identifying of Ah receptor agonists in sediment of Meiliang Bay，Taihu Lake，China［J］. Environmental Science and Technology，2006，40（5）：1415－1419.

［30］ J P LUO，MA M，ZHA J M，et al. Characterization of aryl hydrocarbon receptor agonists in sediments of Wenyu River，Beijing，China［J］. Water Research，2008，43（9）：2441－2448.

［31］ HU J Y，HONG C，WANG L Z，et al. Detection，occurrence and fate of indirubin in municipal sewage treatment plants［J］. Environmental Science & Technology，2008，

42 (22): 8339 - 8344.

[32] DENISON M, PANDINI A, NAGY S, et al. Ligand binding and activation of the Ah receptor [J]. Chemico - Biological Interactions, 2002, 141 (1/2): 3 - 24.

[33] SAFE S. Polychlorinated biphenyls (PCBs), dibenzo - p - dioxins (PCDDs), dibenzofurans (PCDFs) and related compounds: environmental and mechanistic considerations which support the development of toxicity equivalency factors (TE - Fs) [J]. Critical Reviews in Toxicology, 1990, 21 (1): 51 - 88.

[34] DANIEL L, JENNIFER M, JACK W, et al. Distribution of cytochrome P - 450 1A1 - inducing chemicals in sediments of the Delaware River - Bay system, USA [J]. Environmental Toxicology and Chemistry, 2002, 21 (8): 1618 - 1627.

[35] SONG M Y, JIANG Q T, XU Y, et al. AhR - active compounds in sediments of the Haihe and Dagu Rivers, China [J]. Chemosphere, 2006, 63 (7): 1222 - 1230.

[36] SONG M Y, XU Y, JIANG Q T, et al. Measurement of estrogenic activity in sediments from Haihe and Dagu River, China [J]. Environment International, 2006, 32 (5) 676 - 681.

[37] TYLER C, JOBLING S, SUMPTER J. Endocrine disruption in wildlife: a critical review of the evidence [J]. Critical Reviews in Toxicology, 1998, 28 (4): 319 - 361.

[38] ZHA J M, SUN L W, ZHOU Y Q, et al. Assessment of 17α - ethinylestradiol effects and underlying mechanisms in a continuous, multigeneration exposure of the Chinese rare minnow (Gobiocypris rarus) [J]. Toxicology and Applied Pharmacology, 2008, 226 (3): 298 - 308.

[39] C ÉSPEDES R, PETROVIC M, RALDÙ A D, et al. Integrated procedure for determination of endocrine - disrupting activity in surface waters and sediments by use of the biological technique recombinant yeast assay and chemical analysis by LCESI - MS [J]. Analytical and Bioanalytical Chemistry, 2004, 378 (3) 697 - 708.

[40] VIGANÒ L, BENFENATI E, CAUWENBERGE A V, et al. Estrogenicity profile and estrogenic compounds determined in river sediments by chemical analysis, ELISA and yeast assays [J]. Chemosphere, 2008, 73 (7): 1078 - 1089.

[41] KURIHARA R, WATANABE E, UEDA Y, et al. Estrogenic activity in sediments contaminated by nonylphenol in Tokyo Bay (Japan) evaluated by vitellogenin induction in male mum michogs (Fundulus heteroclitus) [J]. Marine Pollution Bulletin, 2007, 54 (9): 1315 - 1320.

第二部分

水处理新技术

2

目前饮用水行业面临严峻的挑战。不断取得的科学证据证明饮用水中的有害物质和严重的公众健康问题之间有着明确联系，其中已经得到明确认定的致癌、致畸、致突变物质以及内分泌干扰物等有数百种，包括持久性有机污染物 POPs、有机农药污染物及残留物、消毒副产物 DBPs 及前驱物、内分泌干扰物、藻类和藻毒素、可生物降解有机物（BOM）、药品（包括人用和兽用药品）、个人护理品（PPCPs）活性成分及其残留物和重金属等。水源中检测出的 80 多种药品包括甾醇荷尔蒙口服避孕药、抗生素药、止痛消炎药、抗癫痫药物、阻滞剂、血脂调节剂、X-射线显影剂、抗恶性肿瘤药。被检测到的个人护理品的种类包括香料、防腐剂、消毒剂、防晒油和营养药品/草药。

在饮用水源中，有可能对人体健康造成影响的污染物主要为两大类：有机类和无机类。对于饮用水源，国家有严格的水质标准，污染物不再是常规可生化的高浓度的 COD_{Cr}、氨氮等综合性指标，而是痕量存在的有毒有害的有机污染物或一些无机离子。

1. 有机污染物处理技术

对环境安全和人体健康造成毒害的机污染物，在水体中虽然浓度很低，对 BOD_5、COD_{Cr} 贡献很小，甚至二者的检测方法不足以体现其浓度，但其易被生物吸收富集，不但影响水体生态环境，也会通过食物链影响人体健康。

水中的此类有机污染物具有浓度低、难以被微生物降解等特点，常规澄清（混凝沉淀）/过滤工艺可以去除胶体形态的高分子有机污染物，但不能有效去除自来水厂中的溶解态、小分子的有毒有害有机污染物。此类污染物甚至在终端消毒时形成毒性更强的卤代有机物，必须采用强氧化剂破坏、吸附转移、孔径小于其分子尺寸的膜分离等方法在消毒前将其从水中去除。

环境激素类污染物的分子量都小于 1000Da，其尺寸小于膜孔径，会穿过 CMF 膜，有部分有机物可能会吸附于水中的颗粒物质或被膜吸附而被 CMF 系统去除，因此 CMF 工艺只能部分去除一些环境激素类物质。

活性炭吸附能有效去除具有急性毒性的污染物，对 Ah 受体效应毒性特征的污染物的去除率达到了 98%。

纳滤在拦截高价离子的同时，对非极性、具有急性毒性的污染物和极性的环境激素类物质去除效果较好。

高级氧化技术如臭氧氧化、H_2O_2、TiO_2、光催化技术对环境激素类物质的氧化、矿化也有较好的效果。随着材料科学的发展，这些技术的工程经济成本逐渐为社会所接受。

总之，针对水体中的有毒有害的有机物，可以用臭氧氧化或高级氧化技术、吸附、膜分离技术进行处理。

2. 无机污染物处理技术

对水中溶解性总固体、总硬度、重金属的处理，可以采用化学法、离子交换法、膜分离技术等。

化学法采用石灰法除盐除硬，化学沉淀＋混凝去除重金属，投资比较低，但每天产生大量的泥渣，需要考虑二次污染问题。而且化学法在自来水厂已经是通用技术，也是膜分离技术的预处理单元，在此不作赘述。

离子交换法是传统的一种脱盐和软化水过程。离子交换过程是液固两相间的传质（包括外扩散和内扩散）与化学反应（离子交换反应）过程，通常离子交换反应进行得很快，过程速率主要由传质速率决定。离子交换反应一般是可逆的，在一定条件下被交换的离子可以解吸（逆交换），使离子交换剂恢复到原来的状态，即离子交换剂通过交换和再生可反复使用。随着反渗透（RO）的发展，市场一度被 RO 占领。近年来随着离子交换树脂的发展和自动化系统的完善，离子交换法重新成为与 RO 系统相媲美的工艺得以回归市场。

膜分离技术包括微滤、超滤、纳滤、渗透和反渗透、电渗析等，可以通过各种膜过程的组合，去除盐类、有机物质、细菌和病毒等。膜分离技术一次性投资高，但是运行稳定，自动化程度高，管理现代化。

下面分别介绍相关的处理方法。

第 6 章

氧 化 技 术

6.1 臭 氧 氧 化 法

臭氧氧化（ozonation）是将臭氧（O_3）气体作为强氧化剂通入水层中（或与水接触）进行氧化反应除去水中污染物的过程。

臭氧在常温常压下是一种淡紫色气体，有特殊臭味；沸点为 $-111.9℃$；标准状态下，密度为 $2.144g/L$，比氧气重；易溶于水，在水中的溶解度是氧气的 10 倍，但在水中易分解为氧气，在水中的半衰期仅为 20min，在空气中为 16h。在水中，臭氧在酸性条件下比在碱性条件下稳定。

臭氧在酸性条件下的氧化能力远远高于在碱性溶液中，比氯气的氧化性也高。在酸性条件下，臭氧的氧化还原电位 $E^0 = 2.07V$；在碱性条件下，$E^0 = 1.24V$。Cl_2 的氧化还原电位 $E^0 = 1.36V$。

由于臭氧的不稳定性，通常在使用时要现场制备。目前工业上主要采用干燥空气或氧气，通过无声放电来制取臭氧，反应如下：

$$3O_2 \rightarrow 2O_3 - 288.9kJ \tag{6.1}$$

臭氧氧化处理废水装置是气-液装置，主要形式有填料塔、筛板塔、湍流塔等，塔高或水深一般为 $4 \sim 6m$，使臭氧气体和处理废水之间有充分的接触时间。另外也可以将臭氧在塔内停留时间作为设计参数，一般控制在 30min 以上。将臭氧投配到水中时，尽可能地将其分散成微小气泡，可采用多孔扩散器、乳化搅拌器、喷射器等实现。

臭氧氧化法在水处理中主要是使难降解有机物氧化分解，用于降低 COD_{Cr}，脱色，除臭，杀菌，除氰、酚、持久性有机污染物、环境激素类等难降解有机物。

6.2 氯 氧 化 法

常用的氯氧化药剂有次氯酸钠、漂白粉、液氯等，但无论何种药剂，最终都是在水中或溶解或水解为次氯酸来发挥氧化作用的。如漂白粉在水中的水解

反应为

$$2CaOCl_2 + H_2O \longrightarrow 2HClO + Ca(OH)_2 + CaCl_2 \tag{6.2}$$

氯气在水中发生歧化反应：

$$Cl_2 + H_2O \Longleftrightarrow HCl + HClO \tag{6.3}$$

在水中次氯酸迅速离解成次氯酸根：

$$HClO \Longleftrightarrow H^+ + ClO^- \tag{6.4}$$

平衡常数 K 为

$$K = \frac{[H^+][ClO^-]}{[HClO]} \tag{6.5}$$

由式（6.5）可知，在水中 HClO 和 ClO^{-1} 所占的比例主要取决于水溶液的 pH 值，HClO 的氧化还原电位 $E^0 = 1.58V$，ClO^- 的 $E^0 = 0.89V$。

在酸性条件下次氯酸的氧化能力较强，杀菌能力也较强。HClO 为很小的中性分子，能够扩散到带负电的细菌表面，并通过细胞壁穿透到细菌内部，氧化破坏细菌的酶系统造成细菌的死亡。而 ClO^- 虽然具有氧化性，但携带负电，因静电斥力难以接近细菌表面，杀菌能力低于 HClO。

6.3 高级氧化技术

高级氧化（advanced oxidation processes，AOPs）是通过产生羟基自由基（游离羟基）对水中不能被普通氧化剂氧化的污染物进行氧化降解的过程，主要用于氧化水中难以生物降解的痕量复杂有机污染物。

6.3.1 高级氧化理论

高级氧化工艺一般涉及发生和利用游离羟基 HO·（在羟基及其他基团右上角的圆点用于指示这些基团带有不成对电子）作为强氧化剂破坏常规氧化剂不能氧化的化合物。表 6.1 中列出了游离羟基与其他常规氧化剂的相对氧化势。游离羟基是目前已知的除氟外最具活性的氧化剂之一。游离羟基与溶解性组分反应时，可激活一系列氧化还原反应，直至该组分被完全矿化。游离羟基几乎可以不受任何约束地将现存的所有的还原性物质氧化成为特殊化合物或化合物的基团。在这些化学反应中不存在选择性，并且可在常温常压下操作。

表 6.1　　　　　　　各种氧化剂的氧化势比较

氧化剂	电化学氧化势（EOP）/V	与氯的相对 EOP	氧化剂	电化学氧化势（EOP）/V	与氯的相对 EOP
氟	3.06	2.25	次氯酸盐	1.49	1.10

续表

氧化剂	电化学氧化势（EOP）/V	与氯的相对 EOP	氧化剂	电化学氧化势（EOP）/V	与氯的相对 EOP
游离羟基	2.80	2.05	氯	1.36	1.00
氧（原子态）	2.42	1.78	二氧化氯	1.27	0.93
臭氧	2.08	1.52	氧（分子态）	1.23	0.90
过氧化氢	1.78	1.30			

6.3.2 生产游离羟基 HO· 的技术

目前，已有很多技术可在液相条件下生产 HO·，按照反应过程中是否使用臭氧，将各种 HO· 生产技术汇总于表 6.2 中。

表 6.2　　　　　　　　　　生产反应性游离羟基 HO· 的技术

臭 氧 基 工 艺	非 臭 氧 基 工 艺
臭氧（在高 pH 值>8～10 条件下）	H_2O_2＋UV
臭氧＋UV（也适用于气相）	H_2O_2＋UV＋亚铁盐（Fenton 试剂）
臭氧＋H_2O_2	电子束照射
臭氧＋UV＋H_2O_2	电动液压空气化作用
臭氧＋二氧化钛（TiO_2）	超声波
臭氧＋TiO_2＋H_2O_2	非热能等离子体
臭氧＋电子束照射	脉冲电晕放电
臭氧＋超声波	光催化（UV＋TiO_2）
	伽马射线
	催化氧化
	超临界水氧化

1. 臭氧＋紫外线

可用下列臭氧的光解作用来解释利用紫外线生产游离羟基 HO· 的过程：

$$O_3＋UV（或 hv，\quad λ<310nm）\longrightarrow O_2＋O(^1D) \tag{6.6}$$

$$O(^1D)＋H_2O \longrightarrow HO·＋HO·（在湿空气中） \tag{6.7}$$

$$O(^1D)＋H_2O \longrightarrow HO·＋HO· \longrightarrow H_2O_2（在水中） \tag{6.8}$$

式中　O_3——臭氧；

　　UV——紫外线（或 hv 能量）；

　　O_2——氧；

　$O(^1D)$——被激活的氧原子，符号（^1D）是用于规定氧原子及氧分子形态的光谱符号（也称为单谱线氧）；

　hv，$λ$——光学物理符号。

在湿空气中通过臭氧的光解作用会生成游离羟基，而在水中，则生成过氧化氢，随后过氧化氢光解生成游离羟基。臭氧用于后者时，其费用非常昂贵。在空气中，臭氧/紫外线工艺可以通过臭氧直接氧化、光解作用或羟基化作用，使化合物降解。当化合物通过吸收紫外线并与游离羟基基团反应发生降解时，利用臭氧＋紫外线工艺比较有效。

2. 臭氧＋过氧化氢

对于不可吸收紫外线的化合物，采用臭氧＋过氧化氢高级氧化工艺可能是比较有效的处理方法。利用过氧化氢和臭氧产生 HO· 的高级氧化处理工艺可以显著降低水中三氯乙烯（TCE）和过氯乙烯（PCE）类氯化合物的浓度。利用臭氧和过氧化氢反应生成游离羟基的过程如下：

$$H_2O_2 + 2O_3 \longrightarrow HO· + HO· + 3O_2 \tag{6.9}$$

3. 过氧化氢＋紫外线

当含有过氧化氢的水暴露于紫外线（$\lambda \approx 200 \sim 280nm$）中时，也会形成游离羟基。可用下列反应描述过氧化氢的光解作用：

$$H_2O_2 + UV（或 hv, \lambda \approx 200 \sim 280nm）\longrightarrow HO· + HO· \tag{6.10}$$

过氧化氢的分子消光系数很小，不能有效利用紫外线的能量，同时要求高浓度过氧化氢，因此，并不是所有情况均适用过氧化氢＋紫外线工艺。

最近该工艺已经应用于氧化处理微污染废水中微量组分，主要用于去除水中持久性有机污染物，尤其是环境激素类污染物，其中包括：①性激素及甾族类激素；②处方和非处方人体用药物；③兽用抗生素及人体用抗生素；④工业、农业及生活污水中持久性有机污染物。在此类化合物浓度（通常以 μg/L 计）较低时，其氧化反应似乎遵循一级动力学规律。

其他反应形式也会产生游离羟基，如 H_2O_2、UV 与 Fenton 试剂反应、作为催化剂的 TiO_2 类半导体金属氧化物对紫外线的吸收反应等。目前，也可以采用活化过硫酸钠、高碘酸盐或高锰酸盐等方法产生 $SO_4·^-$、$IO_4·$、$IO_3·$、$O_2·^-$、$O·$、$MnO_2 - OH·$ 等自由基，氧化分解水体中抗生素、除草剂、环境激素类等难降解有机物。

6.4　高级氧化工艺的应用

大量研究成果表明，几种高级氧化工艺的结合比任何一种氧化剂都有效。由于产生游离羟基所需要的臭氧或（和）过氧化氢的成本很高，所以高级氧化工艺通常应用于 COD_{Cr} 浓度较低的水处理中。

1. 消毒

高级氧化过程产生的游离羟基是一种很强的氧化剂，因此，理论上可以氧化或杀死水中微生物。但非常遗憾的是，游离羟基的半衰期仅为微秒级，所以在水中不可能达到较高的浓度，也不能满足杀灭微生物时停留时间的要求，在水消毒中禁止使用游离羟基。

2. 难降解有机化合物

水中一旦产生游离羟基，可以通过加成反应、脱氢反应、电子转移及游离基团结合破坏难降解有机物分子。

（1）加成反应。游离羟基与不饱和脂肪族或芳香族有机化合物的加成反应会生成带游离羟基的有机化合物，这类化合物可被氧化亚铁类化合物进一步氧化生成稳定的氧化型最终产物。在下列反应中，用 R 代表参与反应的有机化合物：

$$R + HO^{\cdot} \rightarrow ROH \tag{6.11}$$

（2）脱氢反应。游离羟基从有机化合物分子上脱除一个氢原子，导致生成一种带有孤立电子对的有机化合物基团，这种有机化合物与氧反应可以激发一种链式反应，产生某种过氧基团，继续与另一种化合物反应。

$$R + HO^{\cdot} \rightarrow R^{\cdot} + H_2O \tag{6.12}$$

（3）电子转移。电子的转移形成高价离子，一价负离子的氧化可以生成原子或游离基团。

$$R^{n} + HO^{\cdot} \rightarrow R^{n-1} + OH^{-} \tag{6.13}$$

（4）游离基团结合。两个游离羟基结合在一起，会形成一种稳定产物。

$$HO^{\cdot} + HO^{\cdot} \rightarrow H_2O_2 \tag{6.14}$$

一般说来，在一个完全反应中，游离羟基与有机化合物的反应会生成水、二氧化碳及盐，这一过程也称为矿化。

参 考 文 献

［1］ 王郁. 水污染控制工程［M］. 北京：化学工业出版社，2007.

［2］ 何燧源. 环境化学［M］. 4 版. 上海：华东理工大学出版社，2005.

［3］ 郭宇杰，修光利，李国亭. 工业废水处理工程［M］. 上海：华东理工大学出版社，2016.

［4］ W. 韦斯利·艾肯费尔德（小）. 工业水污染控制［M］. 陈忠明，李赛君，等译. 北京：化学工业出版社，2004.

［5］ 梅特卡夫和埃迪公司. 废水工程：处理及回用：第 4 版［M］. 秦裕珩，等译. 北京：化学工业出版社，2004.

［6］ 徐新华，赵伟荣. 水与废水的臭氧处理［M］. 北京：化学工业出版社，2003.

［7］ 雷乐成，汪大翠. 水处理高级氧化技术［M］. 北京：化学工业出版社，2001.

［8］ ZHENG Z Z, ZHANG K F, TOE C Y, et al. Stormwater herbicides removal with a

solar‐driven advanced oxidation process：A feasibility investigation [J]. Water Research，
2021，190，116783.

[9]　朱晓伟，肖广锋，周婷，等. 高碘酸盐的活化及降解水体有机污染物研究进展 [J/OL].
水处理技术. https：//kns. cnki. net/kcms/detail/33. 1127. p. 20210223. 0929. 006. htm.

[10]　王佳豪，田浠，李家成，等. 光化学 AOPs 去除水中抗生素抗性菌和抗性基因研究进
展 [J/OL]. 精细化工. https：//doi. org/10. 13550/j. jxhg. 20201207.

[11]　周阳，应路瑶，于欣，等. 碱热联合活化过硫酸钠氧化降解 2，4 -二氯苯酚研究 [J/
OL]. 水处理技术. https：//kns. cnki. net/kcms/detail/33. 1127. p. 20210125. 0856.
002. html.

[12]　张静，张宏龙，王定祥，等. 强化高锰酸钾氧化体系中自由基的产生与利用研究进展
[J/OL]. 环境化学. https：//kns. cnki. net/kcms/detail/11. 1844. X. 20210201. 1401.
014. html.

第 7 章

吸 附

吸附（adsorption）作用是一种物质的原子或分子附着在另一物质的表面上的过程，或简单地称为物质在固体表面上或微孔内积聚的现象。因此，吸附过程涉及一种物质由一相向另一物质的相表面或这两种物质的相界面处转移和浓缩的过程。

7.1 吸 附 机 理

对于水体来说，吸附作用发生在固体表面。这种能起吸附作用的固体物质称为吸附剂。它往往是多孔的，也就是说，这种具有吸附性的多孔固体不仅具有较大的外表面，而且还具有巨大的内表面积，吸附作用也主要是在内表面上进行的。

固体表面的分子、原子或离子同液体表面一样，所受的力是不对称、不饱和的，即存在一种固体的表面力，它能将外界的分子、原子或离子吸附到固-液界面上形成分子层。被吸附在界面上的分子层称为吸附物。

按吸附剂与吸附物之间作用力的不同，吸附分为三种类型：物理吸附、化学吸附、交换吸附（或称离子交换过程）。

水中所含化合物的吸附性各不相同。分子结构、溶解性等都影响吸附容量，这些影响见表 7.1，有机物的相对吸附性见表 7.2。

表 7.1 分子结构及其他因素对吸附性的影响

影响因素		影 响 结 果
溶解性		在液态载体中，溶质溶解度增加，其吸附性降低
分子结构		支链比直链吸附性强；吸附性随链长增加而下降
取代基	羟基	一般降低吸附性，降低程度取决于主分子的结构
	氨基	与羟基类似，但影响略大些，多数氨基酸几乎没有明显的吸附

续表

影响因素		影 响 结 果
取代基	羰基	与主分子相关，二羟基乙酸比乙酸吸附性强，而更高级的脂肪酸无此规律
	双键	影响类似羰基
	卤族	不同元素影响结果不同
	磺酸基	通常降低吸附性
	硝基	通常增加吸附性
电离		一般地，强离子型溶质不如弱离子型溶质易吸附，即非电解质分子优先被吸附
水解		水解吸附量取决于水解产生可吸附酸或碱的能力
分子大小		除非受炭筛孔大小的影响，化学性质类似的大分子比小分子可吸附性强。因为大分子溶质与炭颗粒形成更多的化学键，使得解析较为困难
极性		低极性分子比高极性分子容易被吸附

表 7.2　　　　　　　　　　　　活性炭对有机物的吸附性能

化合物		分子量	水溶性/%	浓度/(mg/L)		吸附量/(g/g)	去除率/%
				起始 c_0	最终 c_t		
醇类	甲醇	32.0	∞	1000	964	0.007	3.6
	乙醇	46.1	∞	1000	901	0.020	10.0
	丙醇	60.1	∞	1000	811	0.038	18.9
	丁醇	74.1	7.1	1000	466	0.107	53.4
醛类	甲醛	30.0	∞	1000	908	0.018	9.2
	乙醛	44.1	∞	1000	881	0.022	11.9
	丙醛	58.1	22	1000	723	0.057	27.7
	丁醛	72.1	7.1	1000	472	0.106	52.8
芳香类	苯	78.1	0.07	416	21	0.080	95.0
	甲苯	92.1	0.047	317	66	0.050	79.2
	乙苯	106.2	0.02	115	18	0.019	84.3
	苯酚	94	6.7	1000	194	0.161	80.6

7.2　吸附平衡与吸附等温线

7.2.1　吸附平衡

吸附过程是吸附物在吸附剂上吸附和解吸同时进行的一个过程，当吸附速度和解吸速度相等时，水中吸附物的浓度和单位质量吸附剂的吸附量不再发生变化，吸附达到平衡：

$$q_{吸附剂上} \underset{解吸}{\overset{吸附}{\rightleftharpoons}} c_{水中} \tag{7.1}$$

当达到吸附平衡时，单位重量的吸附剂所吸附的吸附质的质量称为吸附容量（adsorption capacity）。吸附容量可以衡量吸附剂吸附能力的大小，计算公式为

$$q_e = \frac{x}{W} = \frac{V(c_0 - c^*)}{W} \tag{7.2}$$

式中　q_e——吸附剂相平衡浓度，mg 吸附物/mg 吸附剂；

　　　x——吸附平衡时吸附剂上吸附物的总量，mg；

　　　W——吸附剂的质量，mg；

　　x/W——单位质量吸附剂上吸附的吸附物质量，mg 吸附物/mg 吸附剂；

　　　V——水总体积，L；

　　　c_0——水中吸附物的初始浓度，mg/L；

　　　c^*——吸附平衡时水中污染物剩余浓度，mg/L。

q_e通过静态实验测定，以吸附平衡为前提。

7.2.2　吸附等温线和吸附等温式——平衡吸附模型

在恒定温度下，到达吸附平衡时，吸附量与溶液中吸附物浓度之间的关系为一函数，表示这一函数关系的数学式称为吸附等温式。根据这一关系绘制的曲线，称为吸附等温线。与水处理有关的常见模式有以下两种。

1. 弗兰德利希（Freundlich）吸附等温式

$$q_e = k_f c_e^{\frac{1}{n}} \tag{7.3}$$

式中　k_f——Freundlich 经验常数，（mg 吸附物/mg 吸附剂）·（L 水/mg 吸附物）$^{1/n}$；

　　　c_e——吸附物在溶液中最终平衡浓度，mg/L；

　　　n——大于 1 的 Freundlich 强度系数。

k_f 和 n 分别是与温度、吸附剂和吸附物有关的常数。一些优先污染物的 Freundlich 经验常数 k_f 见表 7.3。

表 7.3　　　　　pH 值为中性条件下一些常见污染物的 k_f

化合物	k_f/(mg/g)	$1/n$	化合物	k_f/(mg/g)	$1/n$
六氯丁二烯	360	0.63	p-硝基苯胺	140	0.27
茴香脑	300	0.42	1-氯-2-硝基苯	130	0.46
苯基乙酸汞	270	0.44	苯并噻唑	120	0.27
p-壬基酚	250	0.37	二苯胺	120	0.31
吖啶黄	230	0.12	鸟嘌呤	120	0.40
二盐酸联苯胺	220	0.37	苯乙烯	120	0.56
正丁基邻苯二甲酸酯	220	0.45	二甲基邻苯二甲酸酯	97	0.41
N-亚硝基二苯胺	220	0.37	氯苯	93	0.98
二甲基苯甲醇	210	0.33	对苯二酚	90	0.25
三溴甲烷	200	0.83	p-二甲苯	85	0.16
β-萘酚	100	0.26	苯乙酮	74	0.44
吖啶橙	180	0.29	1，2，3，4-四氢化萘	74	0.81
a-萘酚	180	0.31	腺嘌呤	71	0.38
a-萘胺	160	0.34	硝基苯	68	0.43
五氯苯酚	150	0.42	二溴氯甲烷	63	0.93

对式（7.3）取对数得

$$\lg q_e = \lg k_f + \frac{1}{n}\lg c_e \tag{7.4}$$

以 $\lg q_e$ 和 $\lg c_e$ 为坐标，绘制成一条以 $1/n$ 为斜率、以 $\lg k_f$ 为截距的直线，如图 7.1 所示。

式（7.4）既适用于单分子层吸附，也适用于多分子层吸附，简便而准确，有很大的实用意义。

2. 朗格缪尔（Langmuir）吸附等温式及吸附等温线

这个吸附等温式是建立在固体吸附剂对吸附物质的吸附，只在吸附剂表面的吸附活化中心进行的基础上。其作用范围大致为分子大小，每个活化中心只能吸附一个物质分子，当表面的活化中

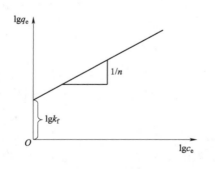

图 7.1　Freundlich 吸附等温线直线形式

心全部被占满时，吸附量达到饱和值。在吸附剂表面上分布成一吸附物质的单分子层。由动力学吸附和解吸速率达平衡推导而得该等温式为

$$q_e = \frac{q^0 b c_e}{1 + b c_e} \qquad (7.5)$$

式中　q^0——达到饱和时单位吸附剂上极限吸附量；

　　　b——吸附平衡常数，即吸附速度常数与解吸速度常数之比。

将式（7.5）稍作转换：

$$\frac{c_e}{q_e} = \frac{1}{q^0 b} + \frac{1}{q^0} c_e \qquad (7.6)$$

分别以 q_e-c_e 和 c_e/q_e-c_e 作图，得图7.2。

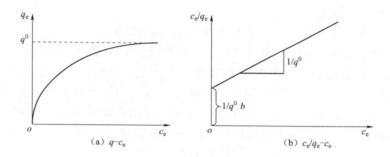

图7.2　Langmuir 吸附等温线

朗格缪尔吸附数学模型主要用于化学吸附，在供水的应急处理上尤其重要。吸附数学模型的工程意义在于：①由吸附容量确定吸附剂用量；②选择最佳吸附条件；③比较选择同种吸附剂对不同吸附物质的最佳吸附条件；④将不同吸附物质的吸附特性与混合物质的竞争吸附进行比较来指导动态吸附。

7.3　影响吸附的因素

影响吸附的因素主要来自三个方面：吸附的特性、吸附物的特性和操作条件。

（1）吸附剂的物理化学性质。吸附剂内外表面的性质、吸附活性的大小、吸附活性基团的特性、内外比表面积的大小及吸附剂内部孔结构及其分布是影响吸附量和吸附速度的主要因素。

（2）吸附物的物理化学性质。吸附物的极性大小、化学活泼性和分子大小等也是影响吸附量和吸附速率的主要因素之一。

（3）水的 pH 值。水的 pH 值不仅影响吸附物存在的形式和物理化学性质，而且对吸附剂的特性也有影响，如活性炭一般在酸性溶液中比在碱性溶液中有较高的吸附率等。

（4）温度。由于温度吸附本质的影响，化学吸附需高温而物理吸附不需升温。对水处理而言，加热水需要大量能耗，故一般用物理吸附处理水。

（5）杂质的影响。当水中悬浮物含量较高时，会堵塞吸附剂的表面孔隙或覆盖外表面，影响吸附的正常进行。另外，吸附物之间存在竞争吸附时，必须考虑其对吸附过程的影响。

7.4 吸 附 剂 的 选 择

在水处理中吸附剂一般要满足如下要求：吸附容量大，再生容易，有一定的机械强度，耐磨、耐压、耐腐蚀性强，密度较大而在水中有较好的沉降性能，价格低廉，来源充足等。常见的吸附剂有硅藻土、硅酸、活性氧化铝、矿渣、炉渣、活性炭、合成的大孔吸附树脂、腐殖酸等。由中等挥发性沥青煤或褐煤生产的碳粒广泛地应用于水处理中。一般而言，沥青煤制备的颗粒状活性炭孔径小，表面积大，容积密度最高；而褐煤制得的粒状炭孔径最大，表面积最小，容积密度最小。常用活性炭的性质见表 7.4。

表 7.4 　　　　　　　　　　常 用 活 性 炭 的 性 质

性 质		NORIT（褐煤）	Calgon Filtrasorb 300（8×30）（沥青煤）	Westvaco Nuchar WV-L（8×30）（沥青煤）	Witco 517（12×30）（沥青煤）
物理性质	比表面积/[m²/g（BET）]	600～650	950～1050	1000	1050
	表观密度/(g/cm³)	0.43	0.48	0.48	0.48
	反冲洗和汲干后的密度/(kg/m³)	352	416	416	480
	真密度/(g/cm³)	2.0	2.1	2.1	2.1
	颗粒密度/(g/cm³)	1.4～1.5	1.3～1.4	1.4	0.92
	有效粒径/mm	0.8～0.9	0.8～0.9	0.85～1.05	0.89
	均匀系数	1.7	1.9 或更小	1.8 或更小	1.44
	孔隙容积/(cm³/g)	0.95	0.85	0.85	0.60
	平均粒径/mm	1.6	1.5～1.7	1.5～1.7	1.2

性　质			NORIT（褐煤）	Calgon Filtrasorb 300（8×30）（沥青煤）	Westvaco Nuchar WV－L（8×30）（沥青煤）	Witco 517（12×30）（沥青煤）
规格	筛网大小（美国标准系列）	大于 8 号（最大，%）	8	8	8	—
		大于 12 号（最大，%）	—	—	—	5
		大于 30 号（最大，%）	5	5	5	5
	碘值		650	900	950	1000
	磨损数，最小		—	70	70	85
	灰分/%		—	8	7.5	0.5
	出厂湿度（最大，%）		—	2	2	1

注　该表参考参考文献［4］258 页。

活性炭结构中除微晶体中的碳原子的共价键结合而使其表面呈非极性结构，在制作过程中的高温活化使其表面存在各种不同的有机官能团，呈现一定程度的弱极性。它对废水中有机物的吸附能力较大，特别适用于去除废水中微生物难以降解的或用一般氧化法难以氧化的溶解性有机物。

活性炭的吸附容量是指活性炭从废水中去除污染组分如 COD_{Cr}、颜料、苯酚等的能力。一些方法可以用来表征吸附容量：苯酚数表示活性炭去除味觉和气味化合物的能力；碘值表示吸附低分子量化合物的能力（微孔有效半径小于 $2\mu m$）；而糖值表示吸附大分子量化合物的能力（孔径范围为 $1\sim50\mu m$）。高碘值的活性炭处理小分子量有机物为主的水最有效，而高糖值的则处理以大分子量有机物为主的水最有效。

大孔吸附树脂是一种合成的吸附剂，是坚硬、不溶于水的多孔性高聚物的球状树脂。大孔吸附树脂可利用选择适当的单体，改变其极性，以适应不同的用途。它可以分为非极性、中等极性、和强极性三种。非极性的大孔吸附树脂由苯乙烯和二乙烯苯聚合而成，中等极性大孔吸附树脂具有甲基丙烯酸酯的结构，而强极性大孔吸附树脂主要含硫氧基、N‐O 基及磺酸基的官能团。

一般认为腐殖酸是一组芳香结构的、性质与酸性物质相似的复合混合物。腐殖酸含有的活性基团包括羟基、羧基、氨基、磺酸基、甲氧基等，具有较强的吸附阳离子的能力。用作吸附剂的腐殖酸类物质有两大类：一类是天然的富含腐殖酸的风化煤、泥煤、褐煤等，直接或经过简单处理后用作吸附剂；另一类是把富含腐殖酸的物质用适当的黏结剂制成腐殖酸系树脂，造粒成型。

7.5 吸附在水处理中的应用

吸附处理对象主要是水中有毒或难降解的有机物、用一般氧化过程难以氧化的溶解性有机物以及生物氧化后的三级出水，如从水中去除木质素、氯或硝基取代的芳烃化合物、杂环化合物、洗涤剂、合成染料、除莠剂、除草剂、DDT 等。处理过程中，吸附剂不但吸附难分解有机物，还能使水脱色、脱臭，把水处理至可重复利用的程度。

当水中含有可降解有机物 BOD_5 时，生物降解行为可以除去活性炭上吸附的有机物，使得活性炭得以再生，因此提高了炭的表观容量。但生物行为也有其不利的一面。当进水的 BOD_5 超过 50mg/L 后，柱内厌氧活性可以产生严重的气味，而需氧活性由于好氧而产生的生物体可以导致柱内堵塞。因此，活性炭仅适用于微污染水源的水质保障。

欧洲应用臭氧和活性炭去除饮用水中有机物时，发现活性炭滤料上有大量微生物，出水水质很好并且活性炭再生周期明显延长，于是发展成为一种有效的给水深度处理方法，称为生物活性炭（BAC）法。生物活性炭指将臭氧和活性炭吸附结合在一起的水处理方法。以北京市田村山水厂为例，因原水中季节性地含有酚、农药有机磷、氨氮等污染物，如单独采用臭氧处理，投加量在 4mg/L 以上，电耗高；如只用活性炭吸附，则再生周期仅为 2～4 月，成本也很高。因此采用臭氧和活性炭联合使用工艺，流程如图 7.3 所示。

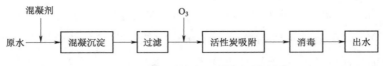

图 7.3　生物活性炭工艺流程示意图

在水中投加少量臭氧或其他氧化剂的目的是将溶解态和胶体态的难降解有机物初步化学氧化为小分子、易生物降解的有机物。在活性炭吸附床内，有机物首先被吸附在活性炭颗粒的内外表面，延长在反应器内停留时间，然后在活性炭表面和打孔内的微生物的作用下，逐渐被生物降解为二氧化碳和水，可作为微生物的营养源，促进微生物生长，从而同时实现了有机污染物的化学氧化＋吸附＋生物降解＋活性炭再生的综合过程。

生物活性炭工艺的功能主要分为以下几个方面：①完成生物硝化作用，将氨氮转化为硝态氮；②对难生物降解的有机污染物逐步进行化学氧化和生物氧化，实现有机物的矿化，可去除 mg/L 级浓度的 COD$_{Cr}$ 和三卤甲烷前驱体（THMFP），以及μg/L 至 ng/L 级的环境激素类污染物；③增加了水中的溶解氧，有利于好氧微生物的生长，活性炭吸附的有机物得以生物降解，活性炭部分再生，延长了活性炭再生周期。

目前水源经常受到农业面源污染的威胁，水中的氨氮、酚类、农药以及其他有毒有害有机物季节性超标，而水厂常规混凝沉淀＋过滤＋消毒工艺不能将其去除，采用生物活性炭工艺，是保障饮用水水质安全的有效方法之一。

参 考 文 献

［1］ 王郁. 水污染控制工程 ［M］. 北京：化学工业出版社，2007.

［2］ 何燧源. 环境化学 ［M］. 4 版. 上海：华东理工大学出版社，2005.

［3］ 郭宇杰，修光利，李国亭. 工业废水处理工程 ［M］. 上海：华东理工大学出版社，2016.

［4］ W. 韦斯利·艾肯费尔德（小）. 工业水污染控制 ［M］. 陈忠明，李赛君，等译. 北京：化学工业出版社，2004.

［5］ 梅特卡夫和埃迪公司. 废水工程：处理及回用：第 4 版 ［M］. 秦裕珩，等译. 北京：化学工业出版社，2004.

［6］ 陶昱明，周冰洁，耿冰，等. 臭氧-上向流生物活性炭工艺运行参数的优化 ［J］. 净水技术，2021，40（1）：66-75.

［7］ 曹林春，郁振标，李波，等. 南通市狼山水厂深度处理改造工程方案 ［J］. 给水排水，2021，57（1）：24-27.

［8］ 刘清华，陈卓华，何嘉莉. 基于 O$_3$-BAC 深度处理水厂的活性炭运行情况研究 ［J］. 城镇供水，2020（6）：34-39.

［9］ 陈丽珠，巢猛，刘清华，等. 臭氧-生物活性炭控制有机物和消毒副产物研究 ［J］. 给水排水，2015，51（11）：37-40.

［10］ CHU W，GAO N，YIN D，et al. Ozone - biological activated carbon integrated treatment for removal of precursors of halogenated nitrogenous disinfection by-products ［J］. Chemosphere，2012（11）：1087-1091.

第 8 章

离 子 交 换

离子交换（ion exchange）过程也就是交换吸附过程，指水中的离子与某种离子交换剂上的离子进行交换的过程，主要用于处理水中的带电离子或基团。当吸附剂表面的官能团呈离子型时，在进行吸附的同时，还与水中的离子态污染物进行交换，反应如下：

$$R-A^+ + B^+ \rightleftharpoons R-B^+ + A^+ \tag{8.1}$$

式中　R——交换树脂。

这种带离子型表面官能团的吸附剂也称为离子交换剂。凡是能够与溶液中的阳离子或阴离子交换的物质，都称为离子交换剂。离子交换剂的种类很多，按照母体材质不同可分为无机质类和有机质类两大类。无机质类又可分为天然的和合成的；有机质类又分为碳质和合成树脂两类，见表 8.1。

表 8.1　　　　　　　　　　　　　离 子 交 换 剂 的 分 类

类　别	性　质	名　称	酸碱性	活 性 基 团
无机质类	天然	海绿沙		钠离子交换基团
	合成	合成沸石		钠离子交换基团
有机质类	碳质	磺化煤		阳离子交换基团
	合成树脂	阳离子交换树脂	强酸性	磺酸基－SO_3H
			弱酸性	羧酸基－COOH
		阴离子交换树脂	强碱性	季铵基Ⅰ型－N（CH_3）$_3$；季铵基Ⅱ型
			弱碱性	伯胺基－NH_2；仲胺基＝NH；叔胺基≡N

106

早期使用的无机硅质离子交换剂，如海绿沙和合成沸石，有许多缺点，特别是在酸性条件下无法使用。

有机离子交换剂包括磺化煤和各种离子交换树脂。磺化煤利用天然煤为原料，经发烟硫酸磺化处理后制成。磺化煤成本适中，在 20 世纪五六十年代曾广泛应用于软化工艺。但其交换容量低，机械强度和化学稳定性较差，已逐渐被离子交换树脂所取代。

离子交换树脂与其他交换剂一样，结构通常分为两部分：一部分为骨架，在交换过程中骨架不参与交换反应；另一部分为连接在骨架上的活性基团，活性基团所带的可交换离子能与水中的离子进行交换。

8.1 离子交换树脂的类型

交换正离子的树脂称阳离子交换树脂，交换负离子的树脂称阴离子交换树脂。阳离子交换树脂含有酸功能基团（如磺酸基团），而阴离子交换树脂含有碱功能基团（如胺）。离子交换树脂通常以功能基团的性质分类，如分为强酸性、弱酸性、强碱性、弱碱性。酸性或碱性的强弱取决于功能团离子化的程度，如是否为可溶性酸或碱。通常多数强酸性阳离子交换树脂是由苯乙烯和二乙烯基苯共聚后磺化制得。交联度受最初单体混合物二乙烯基苯的比例控制。

根据活性基团酸碱性的强弱，离子交换树脂的类型主要有以下几种。

（1）强酸性阳离子交换树脂。强酸性阳离子交换树脂是由于其化学行为类似于酸性而被命名的。磺酸型（$R-SO_3H$）和磺酸盐型（$R-SO_3Na$）树脂在整个 pH 值范围都可高度离解。

（2）弱酸性阳离子交换树脂。在弱酸性树脂中，一般以羧酸基（$-COOH$）或羟基（$-OH$）等作为活性基团。这些树脂的化学行为类似于弱解离的有机酸。该树脂的电离程度小，其交换能力随 pH 值增加而提高。在酸性条件下，这类树脂几乎不能发生交换反应。对于羧基树脂，溶液的 pH 值应大于 7，而对于羟基树脂，溶液的 pH 值则应大于 9。以甲基丙烯酸-二乙烯苯酸基阳离子交换树脂为例，其交换容量（每克干树脂能交换一价离子的摩尔浓度）和 pH 值的关系见表 8.2。

表 8.2　　甲基丙烯酸-二乙烯苯酸基阳离子交换树脂交换容量和 pH 值的关系

pH 值	5	6	7	8	9
交换容量/(mmol/g)	0.8	2.5	8.0	9.0	9.0

弱酸性钠型树脂 RCOONa 很容易水解，水解后呈碱性，故钠型树脂用水洗不到中性，一般只能洗到 pH 值为 9～10。弱酸性树脂与氢离子结合能力很强，较易再生成氢型。

此外，以膦酸基-PO(OH)$_2$ 和次膦酸基-PO(OH) 作为活性基团的树脂，具有中等强度的酸性。

（3）强碱性阴离子交换树脂。与强酸性阳离子交换树脂相似，强碱性阴离子交换树脂在整个 pH 值范围内可高度离解，使用时对 pH 值没有限制。水处理中采用的强碱性阴离子交换树脂都是氢氧根（-OH）型和季铵盐型。

（4）弱碱性阴离子交换树脂。弱碱性树脂类似于弱酸性树脂，它们的离子化程度受 pH 值影响较大，pH 值越低，其交换能力越大。

弱碱性氯型树脂（如 RNH$_3$OHCl）很易水解，和 OH$^-$ 结合能力较强，故较易再生成氢氧根型。

另外还有一种重金属选择螯合树脂。螯合树脂的行为类似于弱酸性阳离子交换树脂，但对重金属阳离子显示出高度的选择性。螯合树脂对重金属阳离子倾向于形成稳定的螯合物。实际上，应用于这些树脂的功能团是 EDTA 化合物。钠型树脂结构可表达为 R-EDTA-Na。反应的发生取决于金属离子选择性取代离子交换点离子的化学平衡，钠循环的阳离子交换反应可用下式说明：

$$2R-Na+Ca^{2+} \Longrightarrow R_2-Ca+2Na^+ \tag{8.2}$$

当所有的交换点被钙取代后，可应用一定钠离子浓度的溶液，如 5%～10% 的氯化钠溶液，通过树脂使其再生，此时，以钠取代钙，产生逆平衡。

在氢循环中，类似的反应发生在对钙离子的交换中：

$$2R-H+Ca^{2+} \Longrightarrow R_2-Ca+2H^+ \tag{8.3}$$

饱和后，用 2%～10% 的 H$_2$SO$_4$ 溶液通过树脂，进行再生，以氢离子取代钙离子，产生逆平衡。

类似地，阴离子交换式用氢氧根离子交换阴离子，反应如下：

$$2R-OH+SO_4^{2-} \Longrightarrow R-SO_4+2OH^- \tag{8.4}$$

饱和后，用 5%～10% 的氢氧化钠溶液通过树脂，进行再生，以氢氧根离子取代钙离子，产生逆平衡。

此外，还有一些具有特殊活性基团的离子交换树脂，如氧化还原树脂，含有巯基、氢醌基；两性树脂，同时含有羧酸基和叔胺基等。

根据树脂骨架的结构特征，离子交换树脂还可以分为凝胶型和大孔型。两者的区别在于结构中孔隙的大小。凝胶型树脂不具有物理孔隙，只有在浸入水中时才显示其分子链间的网状孔隙；而大孔型树脂无论是干态还是湿态，用电子显微镜都能看到孔隙，其孔径为 10～1000nm，而凝胶型孔径仅为 2～4nm。因此，大孔型树脂吸附能力大，交换速度快，溶胀性小。

8.2 离子交换树脂的性能

1. 物理性能

（1）外观。常用凝胶型离子交换树脂为透明或半透明的球体，大孔型离子交换树脂为乳白色或不透明球体。优良的树脂圆球率高，无裂纹，颜色均匀，无杂质。

（2）粒度。树脂颗粒的大小影响交换速度、压力损失、反洗效果等。粒度大，交换速度慢，交换容量低；粒度小，水流阻力大。因此，粒度要大小适当，分布要均匀合理。否则，一方面小颗粒夹在大颗粒空隙之间会使水流阻力增大；另一方面，反冲洗时强度过大会冲走小颗粒，强度不够，则大颗粒不能松动，达不到反冲洗的目的。

表示树脂颗粒粒度分布有如下两种指标。

1）粒度范围。树脂产品标准规定树脂粒度为 0.315~1.25mm 的颗粒体积应占全部体积的 95% 以上。符合上述标准的树脂有可能粒度范围大部分在 0.315~0.6mm 范围内，也可能大部分在 0.6~1.25mm 的范围，可见单用这一指标来表示树脂的粒度是不够全面的。

2）有效粒径和均一系数。用标准筛对湿树脂进行筛分，有效粒径的含义为 10% 树脂颗粒能够通过的筛孔孔径。例如，规定树脂的有效粒径不小于 0.45mm，表示若用孔径 0.45mm 筛子对树脂进行筛分，则筛上颗粒体积不小于 90%。均一系数的含义是筛上体积为 40% 的筛孔孔径与筛上体积为 90% 的筛孔孔径之比。该比值不小于 1；比值越接近于 1，说明树脂粒度越均匀。

（3）密度。树脂密度是设计交换柱、确定反冲洗强度的重要指标，也是影响树脂分层的主要因素。

1）湿真密度是指树脂在水中充分溶胀后的质量与真体积（不包括颗粒孔隙体积）之比。其值一般为 1.04~1.38g/mL。通常阳离子交换树脂的湿真密度比阴离子交换树脂大，强型的比弱型的大。

2）湿视密度是树脂在水中溶胀后的质量与堆积体积之比，一般为 0.60~0.85g/mL。

（4）含水量。含水量指在水中充分溶胀的湿树脂中所含溶胀水重（树脂的内部水分，不包括树脂表面的游离水分）占湿树脂重的百分数。含水量主要取决于树脂的类型、结构、酸碱性、交联度、交换容量、活性基团的类型和数量等。树脂的含水量越大，表示孔隙率越大，交联度越小，一般在 50% 左右。

（5）溶胀性。溶胀性指干树脂浸入水中，由于活性基团的水合作用，交联网孔增大，体积膨胀的现象。溶胀程度常用溶胀率表示，即溶胀前后的体积变化/溶胀前的体积。

树脂的交联度越小，交换容量越大，活性基团越易离解，可交换离子的水合半径越大，其溶胀率越大。水中电解质浓度越高，由于渗透压增大，其溶胀率越小。

因离子的水合半径不同，在树脂使用和转型时常伴随体积变化。一般强酸性阳离子型树脂由 Na 型变为 H 型、强碱性阴离子型树脂由 Cl 型变为 OH 型时，其体积均增大约 50%。

（6）机械强度。机械强度反映树脂保持颗粒完整性的能力。树脂在使用过程中，由于受到冲击、碰撞、摩擦以及胀缩作用，会发生破碎。树脂的机械强度主要取决于交联度和溶胀率。交联度越大，溶胀性越小，则机械强度越高。

（7）耐热性。各种树脂均有一定的工作温度范围，所能承受的温度不一样。阳离子型树脂可耐 100℃ 的高温，强碱性苯乙烯系 I 阴离子型树脂只能耐 60℃，弱碱性苯乙烯树脂可耐 80℃。操作温度过高，易使活性基团分解，从而影响交换容量和使用寿命。温度低至 0℃，树脂内水分冻结，使颗粒破裂。通常控制树脂的储藏和使用温度在 5~40℃ 为宜。

2. 化学性能

（1）离子交换反应的可逆性。离子交换反应是在固态的树脂和溶液接触的界面间发生的可逆反应。随着交换反应的进行，树脂的交换能力变弱，直至失去交换能力。可用交换的逆反应即再生反应恢复树脂的交换能力。这种反应的可逆性使离子交换树脂能够反复使用，这也是其在工业上应用的基础。

（2）酸碱性。H 型树脂和 OH 型树脂在水中能电离出 H^+ 和 OH^-，表现出酸碱性。根据其电离能力的大小，树脂的酸碱性也有强弱之分。强酸或强碱性树脂在水中离解度大，其交换容量基本与水的 pH 值无关。而弱酸或弱碱性树脂离解度小，受 pH 值影响大，弱酸性树脂只有在碱性条件下才能得到较大的交换能力。相对应，弱碱性树脂只能在酸性条线下得到较大的交换能力。

几种典型树脂的有效 pH 值范围见表 8.3。

表 8.3　　　　　　　　　几种典型树脂的有效 pH 值范围

树脂类型	强酸性阳离子交换树脂	弱酸性阳离子交换树脂	强碱性阴离子交换树脂	弱碱性阴离子交换树脂
有效 pH 值范围	1~14	5~14	1~12	0~7

（3）选择性。离子交换树脂对水溶液或废水中某种离子优先交换的性能称为树脂的交换选择性。它用于表征树脂对不同离子亲和能力的差异，是决定离子交换过程处理效率的一个重要因素。离子交换树脂的选择性大小用选择系数 K 来表征。

$$K = \frac{c_{A^+} q_{B^+}}{c_{B^+} q_{A^+}} \tag{8.5}$$

式中　c——污染物在液相中的浓度，g/L；

　　　q——污染物在固相中的离子浓度，g/g。

K 值越大，表明该污染物越易与离子交换树脂上活性基团中固定离子结合，越易从水体中转移到离子交换树脂上。如前所述，除浓度、交换剂和交换离子的性质外，温度和交换树脂的粒径大小等对离子动力学来说，同样是应当考虑的重要因素。交换的程度取决于以下若干因素：

1）进行交换离子的大小和价态（电荷）多少。价数越高，所带电荷也越多，静电吸引的影响就越强，因此越易优先吸附。例如：$Na^+ < Ca^{2+} < Cr^{3+} < Th^{4+}$。

这样，选择性最弱的离子保留时间最短，最先出现在离子交换的出水中。相反，选择性最强的离子，保留时间最长，最后出现在离子交换的出水中。

在某些情况下，可以将不被优先选择的离子，转化为多价化合物，成为优先选择的离子，再进行离子交换。例如，通常从酸性溶液中不能去除 UO_2^{2+}，这是因为存在优先选择的多价阳离子 Fe^{3+} 和 Al^{3+} 的竞争。然而，UO_2^{2+} 可以与硫酸根形成以下多价化合物：

$$UO_2^{2+} + nSO_4^{2-} \rightleftharpoons UO_2(SO_4)_n^{2-2n} \quad (n=1，2，3) \qquad (8.6)$$

此时，产生二价（$n=2$）和四价（$n=3$）配合阴离子，它们可以被强碱性阴离子交换树脂优先选择。

2）价数相同的离子。其离子亲和力随原子序数增加而增加。阳离子的交换选择性从易到难的次序为：$La^{3+} > Ni^{3+} > Co^{3+} > Fe^{3+} > Al^{3+} > Ra^{2+} > Hg^{2+} > Ba^{2+} > Pb^{2+} > Sr^{2+} > Ca^{2+} > Ni^{2+} > Cd^{2+} > Cu^{2+} > Co^{2+} > Zn^{2+} > Mn^{2+} > Mg^{2+} > UO_2^{2+} > Be^{2+} > Ag^+ > Rb^+ > Cs^+ > K^+ > NH_4^+ > Na^+ > Li^+$。

阴离子的交换选择性次序为：$C_6H_5O_7^{3-}$（柠檬酸根）$> AsO_4^{3-} > PO_4^{3-} > Cr_2O_7^{2-} > SO_4^{2-} > C_2O_4^{2-} > C_4H_4O_6^{2-}$（酒石酸根）$MoO_4^{2-} > ClO^- > I^- > NO_3^- > CrO_4^{2-} > Br^- > SCN^- > Cl^- > HCOO^- > F^- > CH_3COO^- > HCO_3^- > HSiO_3^-$。

H^+ 和 OH^- 两种离子的交换选择性与树脂交换基团酸碱性的强弱有很大关系，有如下规律：

①强酸性树脂：H^+ 的交换能力相当于 Li^+ 的位置，呈最弱的交换性。

②弱酸性树脂：H^+ 的交换能力相当于 Th^{4+} 的位置，呈较强的交换性。

③强碱性树脂：OH^- 的交换能力相当于 F^- 的位置，呈弱的交换性。

④弱碱性树脂：OH^- 的交换能力相当于以前的位置，呈强交换性。

由此可知，交换剂的酸性越弱，对 H^+ 的亲和力越强；反之，交换剂的碱性越弱，对 OH^- 的亲和力越强。

3）离子在废水中或溶液中的浓度。在浓溶液中，上述优先吸附的顺序可以打乱，这也是离子交换树脂再生和转型的基础。溶液中高浓度低价离子可将树脂上的高价离子交换下来，或两种浓度不同的离子在水溶液中，浓度高的离子即使吸附顺序后于浓度低的离子，也有可能优先交换到树脂上。这一特性应用于树脂的再生和转型，用高浓度低价离子溶液交换下树脂高价离子，见图 8.1。

图 8.1　浓度对离子交换顺序的影响

4）离子交换树脂骨架的性质及交换基团的化合性质对交换选择性也有很大影响。交换离子和树脂骨架及固定基团可发生配位键、共价键、螯合物等专属作用力，则产生优先选择。

5）交换时溶液性质或操作条件如溶液的 pH 值。溶液的 pH 值的变化，可引起溶液中离子存在形式的变化，从而改变离子的交换选择顺序。如 Cr^{6+} 在 pH 值较高时，以 CrO_4^{2-} 的形式存在；而在酸性条件下，以 $Cr_2O_7^{2-}$ 的形式存在。就交换性能来说，$Cr_2O_7^{2-} > CrO_4^{2-}$，且交换时有 2 个 Cr^{6+}，因此，降低 pH 值至酸性，对去除水中 Cr^{6+} 有利。

（4）交换容量。离子交换树脂的交换容量是表示其交换能力大小的一项性能指标，有以下几种表示方法。

1）全交换容量，即树脂中所有可交换的离子总量，通常用单位质量树脂的全交换容量 E_m（干树脂，mmol/g）表示，也可用单位体积树脂的全交换容量 E_V（湿树脂，mmol/mL）表示。两种表示过程之间的数量关系如下：

$$E_V = E_m \times (1 - 含水量) \times 湿视密度 \qquad (8.7)$$

全交换容量由树脂内部组成决定，与外界溶液条件无关。

2）平衡交换容量，指在一定的外界溶液条件下，交换反应达到平衡状态时，交换树脂所能交换的离子数量，其值随外界条件变化而异。

3）工作交换容量，指树脂在给定的工作条件下，实际所能发挥的交换能力，单位为 mol/m^3（湿树脂）或 mmol/mL（湿树脂）。工作交换容量与进水中离子的种类和浓度、树脂再生方式和再生程度、树脂层高度、运行水流速度、交换终点的控制指标等许多因素有关。一般工作交换容量只有总交换容量的 $60\% \sim 70\%$。

上述三种交换容量中，全交换容量最大，平衡交换容量次之，工作交换容量最小。

8.3　离子交换操作工艺条件

8.3.1　树脂的选择

适当地选择树脂的种类是使用离子交换过程的首要前提。一般来说，对选择性强的离子，即交换选择系数 $K>1$ 的离子应该选用弱酸性或弱碱性离子交换树脂；反之，对 $K<1$ 的离子，则应该选用强酸性或强碱性离子交换树脂。对树脂的强酸/碱和弱酸/碱选定后，则考虑选用游离型还是盐型的问题。对强酸/碱树脂而言，两者差别较小，而对弱酸/碱树脂影响较大。一般选用盐型为宜，因为游离型树脂在交换中产生 H^+ 和 OH^-，对体系的 pH 值影响十分显著。但如果目的在于去除重金属离子，则必须采用游离型。

此外，树脂交联度和粒度的选择也十分重要。如当分离有机大分子和无机小离子时，可选用交联度高的树脂，使大分子无法进入或进入速度很慢而被阻止在树脂外，无机小离子进入树脂内部进行交换，从而达到分离的目的。大孔型树脂交联度低，外部离子的孔扩散速度快，因而吸附和洗脱的总速度均较快。粒度的大小影响使用时的填充容积、交换速率等。

离子交换过程主要用于去除水中可溶性盐类。选择树脂时应综合考虑原水水质、处理要求、交换工艺以及投资和运行费用等因素。当分离无机阳离子或有机碱性物质时，宜选用阳离子交换树脂；分离无机阴离子或有机酸时，宜采用阴离子交换树脂。对两性物质进行分离时，既可用阳离子交换树脂，也可用阴离子交换树脂。对某些贵金属和有毒金属离子，可选择螯合树脂去除。对于有机物（如酚），宜采用低交联度的大孔型树脂来处理。绝大多数脱盐系统（如水质软化）都采用强酸/碱性树脂。

在水处理中，对于交换常数 K 值较大的离子，宜采用弱酸/碱性树脂，其交换能力强，再生容易，运行费用低。当水中含有多种离子时，可利用交换选择性进行多级回收，如不需要回收时，可用阴阳树脂混合床处理。

8.3.2 树脂的鉴别

1. 阳离子交换树脂与阴离子交换树脂的鉴别

（1）取树脂样品 2mL，置于 30mL 的试管中，用吸管吸取树脂层上部的水。

（2）加入 1mol/L 的 HCl 溶液 15mL，摇动 1～2min，吸取上清液，重复操作 2～3 次。

（3）加入纯水清洗，摇动后吸取上清液，重复 2～3 次，以洗去过剩的 HCl。

经过上述操作后，阳离子交换树脂转化为 H 型，阴离子交换树脂转化为 Cl 型。

（4）加入 10％的 $CuSO_4$ 溶液（其中含 1％的 H_2SO_4）5mL，摇动 1min，放置 5min。如树脂呈浅绿色，说明其吸附交换了 Cu^{2+}，则为阳离子树脂；不变色，则为阴离子树脂。

2. 强酸性离子交换树脂与弱酸性离子交换树脂的区别

在上述区分阴阳离子交换树脂的操作后，将呈浅绿色的阳离子交换树脂用纯水清洗后，加入 5mol/L 的氨水溶液 2mL，摇动 1min，然后用纯水清洗。如树脂转变为深蓝色，则为强酸性阳离子交换树脂，颜色不变的为弱酸性阳离子交换树脂。

3. 强碱性离子交换树脂与弱碱性离子交换树脂的区别

在上述区分阴阳离子交换树脂的基础上，将未变色的阴离子交换树脂用纯水清洗；加入 1mol/L 的 NaOH 溶液 5mL，摇动 1min，用纯水充分清洗；再加入 5 滴酚酞指示剂，摇动 1min，用清水充分清洗。如树脂呈红色，则为强碱性阴离子交换树脂，如不变色，则可能为弱碱性阴离子交换树脂。

要确定上述不变色的树脂是否为弱碱性离子交换树脂，则可加入 1mol/L 的 HCl 溶液 5mL，摇动 1min，用纯水充分清洗。如树脂呈桃红色，则肯定为弱碱性阴离子交换树脂；如不变色，则为无交换能力的树脂。

8.3.3　树脂的使用

树脂在使用过程中性能会逐渐降低。主要原因有以下三类：①物理破损和流失；②活性基团的化学分解；③无机和有机物覆盖树脂表面等。

针对不同的原因，要采用相应的对策。如定期补充新树脂；强化预处理；去除原水中的游离氯和悬浮物；利用酸、碱和有机溶剂等洗脱树脂表面的污垢和污染物。

处理后的树脂在第一次再生时，至少应使用两倍的再生剂量，以保证树脂获得充分的再生。

8.4　离子交换反应器及其工艺过程

8.4.1　离子交换过程

离子交换与吸附过程类似地可分为静态交换和动态交换两种。静态交换是将树脂与所处理的水在容器内充分混合搅拌，进行离子交换反应，然后将树脂与水分离。这种交换过程常用于实验研究或小规模水处理中，在实际工程中应用不多。工业生产中，广泛采用动态交换。动态交换过程是将离子交换树脂填充于一交换柱中，溶液由上至下或由下至上流动的过程中，水中的离子与树脂中的活性基团进行交换，并把交换后的水和树脂分离，使交换反应不断进行。当树脂失去交换能力即达到饱和之后，进行树脂的反洗和再生。因此，动态离子交换整个工艺过程包括交换、反冲洗、再生和清洗 4 个阶段。4 个阶段依次进行，形成循环的工作周期。

1. 交换阶段

交换阶段是利用树脂的交换能力，从水中分离、脱除需要去除的离子的操作过程。交换时树脂不动，构成固定床操作。

2. 反冲洗阶段

反冲洗是在离子交换树脂失效后，逆向通入冲洗水和空气。其目的之一是松动树脂层，使再生液能均匀渗入树脂层中，与交换剂颗粒充分接触；二是把水流过程中产生的破碎树脂和树脂截留的污物冲走。冲洗水可以来自自来水或废再生液。树脂层在反冲洗时要膨胀 $30\% \sim 40\%$。经反冲洗后，便可进行再生。

3. 再生阶段

（1）再生方式。固定床交换柱的再生方式有两种：顺流再生和逆流再生。再生阶段的液流方向与交换阶段相同的称为顺流再生；液流方向相反的称为逆流再生。

顺流再生的优点是设备简单，操作方便。缺点是再生剂用量大，再生后的树脂交换容量低。

逆流再生时，新鲜的再生剂首先接触的是失效程度不高的树脂，有一定程度失效的再生剂接触失效程度最高的树脂。优点是再生剂用量少，树脂再生度高，获得的工作交换容量大。缺点是再生时为了避免扰动树脂层，限制了再生液的流速，延长了再生时间，为了克服这一缺点，需要设置孔板，采用空气压顶等措施，使得设备复杂，操作麻烦。

（2）再生过程。再生过程有一次再生和两次再生。强酸/碱性树脂大多采用一次再生。弱酸/碱性树脂大多采用两次再生：一次洗脱再生，一次转型再生。

由于弱酸/碱性树脂的交换容量大，再生容易，再生剂用量少，所以含金属离子的水通常用弱酸性树脂来处理。由交换顺序可知，弱酸性树脂对 H^+ 的结合力最强、对 Na^+ 最弱，弱碱性树脂对 OH^- 的结合力最强，对 Cl^- 最弱。因此，这两种树脂在使用前应分别转换为 Na 型和 Cl 型。而在交换阶段，树脂交换吸附了金属离子后，又要分别用强酸和强碱洗脱再生。在洗脱过程中，树脂已经分别再生为 H 型和 OH 型，为了使树脂转换成正常工作的离子形式，在洗脱再生后，还要进行一次转型再生。

（3）再生剂选择。对于不同性质的原水和不同类型的树脂，应采用不同的再生剂。选择的再生剂既要有利于再生液的回收利用，又要求再生效率高，洗脱速度快，价廉易得。

一般说来，强酸性交换树脂用 HCl 或 H_2SO_4 等强酸及 NaCl、Na_2SO_4 再生；弱酸性交换树脂，用 HCl、H_2SO_4 再生；对于强碱性交换树脂用 NaOH 等强碱及 NaCl 再生；对于弱碱性交换树脂用 NaOH、Na_2CO_3、NaHCO_3 等再生。

（4）再生剂的用量。理论上讲，树脂的交换和再生均按照等化学计量关系进行。但是实际上，为了使再生进行得更快、更彻底，总是使用高浓度过量的再生液。当再生程度达到要求后，又需将其排出，并用纯水将黏附在树脂上的再生剂残液清洗掉。这就造成了再生剂用量的成倍增加。由此可见，离子交换系统的运行费用中，再生费用占主要部分，这是应用离子交换技术时需要考虑的主要经济因素。

当然，交换树脂的再生程度（再生率）与再生剂的用量并不成线性关系。当再生剂用量增加到一定程度后，再生效率的增长幅度不大。因此再生剂用量过高既不经济，也无必要；当再生剂用量一定时，适当增加再生剂的浓度，可以提高再生效率，但再生剂浓度过高，会减小再生剂的体积，缩短再生剂与树脂的接触时间，反而降低再生效率，因此存在最佳浓度值。如用 NaCl 再生 Na 型交换树脂，最佳盐浓度范围在 10% 左右。一般顺流再生时，酸液浓度以 3%～4% 为宜，碱液浓度以 2%～3% 为宜。顺流再生流速为 2～5m/h，逆流再生不大于 1.5m/h。

4. 清洗阶段

清洗的目的是洗涤残留的再生液和再生时可能出现的反应产物。通常清洗的水流方向和交换时一样，所以也称正洗。清洗的水流速度应先小后大。清洗过程的后期，应特别注意掌握清洗终点的 pH 值（尤其是弱型树脂转型之后的清洗），避免重新消耗树脂的交换容量。一般淋洗用水的体积是树脂体积的 4～13 倍，淋洗水速度为 2～4m/h。

8.4.2 离子交换反应器

离子交换反应器主要有固定床、移动床和流动床三种，以固定床最为常用。固定床在工作时，床层固定不动。根据树脂层的组成，固定床又可分为以下几种情况：

（1）单床离子交换器，是使用一种树脂的单床结构。

（2）多床离子交换器，是使用一种树脂，由两个以上交换柱组成的离子交换器。

（3）复床离子交换器，是由几个阳离子交换柱和几个阴离子交换柱组成的离子交换器。

（4）混合床，把阳离子交换树脂与阴离子交换树脂装在同一个交换柱内。

（5）联合式离子交换器，把复床与混合床联合使用。

在给水处理中用混合床或联合式离子交换器。

移动床交换设备包括交换柱和再生柱两部分。工作时，定期从交换柱排出部分失效树脂，送到再生柱再生，同时补充等量的新鲜树脂参与工作。它是一种半连续式的交换设备，整个交换树脂在间断移动中完成交换和再生。移动床交换器的特点是效率高，树脂用量少。

流动床交换设备使交换树脂在连续移动中实现交换和再生。

与固定床相比，移动床和流动床具有交换速度快、生产能力大和效率高等优点。

8.5　离子交换工艺在水处理中的应用

离子交换工艺应用于水处理时，主要是用来去除重金属离子或有毒有害的阴离子。

大网眼树脂可用于去除非极性有机化合物。这些树脂具有高度的选择性，可以去除一种化合物或一类化合物。树脂的再生剂可以选择溶剂。应用大网眼树脂选择处理有机化合物的结果见表8.4。

表8.4　　　　　　　　　某些化合物的大网眼树脂处理结果　　　　　　　　单位：μg/L

化合物	进　水	出　水	化合物	进　水	出　水
四氯化碳	20450	490	甲苯	2360	10
六氯乙烷	104	0.1	艾氏剂	84	0.3
2-氯萘	18	3	狄氏剂	28	0.2
三氯甲烷	1430	35	氯丹	217	<0.1
六氯丁二烯	266	<0.1	异狄氏剂	123	1.2
六氯环戊二烯	1127	1.5	七氯	40	0.8
萘	529	<3	环氧七氯	11	<0.1
四氯乙烯	34	0.3			

水中的砷（五价）用强碱性阴离子交换树脂可以去除。而以二价阴离子 $HAsO_4^{2-}$ 形式存在的砷（五价）往往比一价阴离子 $HAsO_4^{-}$ 更优先选择交换。

硒可以在下述条件下通过离子交换去除：将水溶性的硒氧化成硒酸根阴离子 SeO_4^{2-}，然后用强碱性阴离子交换柱去除硒酸根离子 SeO_4^{2-}。其去除量的多少，取决于废水中硫酸根和硝酸根离子的浓度。

铵离子可以应用天然无机斜发沸石去除。此沸石对铵离子有特殊的选择性，特别适用于铵离子的去除。这种特殊选择性是由于此沸石在结构上具有相关的离子筛。虽然应用斜发沸石的总交换容量比合成的有机树脂小，但它的选择性弥补了不足之处。沸石的再生用3%～6%的NaCl溶液来完成。用吹脱或折点加氯法处理再生液中的铵离子后，再生液可以重复使用。

参 考 文 献

[1]　王郁. 水污染控制工程 ［M］. 北京：化学工业出版社，2007.

[2]　何燧源. 环境化学 ［M］. 4 版. 上海：华东理工大学出版社，2005.

[3]　郭宇杰，修光利，李国亭. 工业废水处理工程 ［M］. 上海：华东理工大学出版社，2016.

[4]　W. 韦斯利·艾肯费尔德（小）. 工业水污染控制 ［M］. 陈忠明，李赛君，等译. 北京：化学工业出版社，2004.

[5]　梅特卡夫和埃迪公司. 废水工程：处理及回用：第 4 版 ［M］. 秦裕珩，等译. 北京：化学工业出版社，2004.

第 9 章

膜 分 离 技 术

膜分离（membrane separation process）是利用特殊的薄膜对液体中的成分进行选择性分离的技术。膜的特殊性表现在它的选择透过性上，由此形成多种不同的膜分离单元过程。现已经工业化应用的有反渗透、纳滤、微滤、超滤、电渗析、渗透等。

在一种或两种流动相中存在一个凝聚相薄层，把流体分成互不相通的两部分，并在两部分之间发生传质作用。这个凝聚相薄层即为分离膜，是具有选择性的分离介质，膜分离技术的基础和关键就是选择性的分离膜。

9.1 膜分离技术分类

膜分离过程是指借助膜的选择透过作用，在外界能量或化学位差的推动下使原料中的某组分选择性地透过膜，对混合物中溶质和溶剂进行分离、分级、提纯和富集的过程。膜中传质作用的发生取决于两种形式的推动力：①本身的化学位差，物质由高化学位到低化学位流动；②外界能量，物质由高能位到低能位流动，具体形式表现为膜两侧的压力差、浓度差、电位差、温度差等。

（1）膜的选择透过性。分离膜是具有选择性透过性能的薄膜，即允许一种或几种物质透过，其他的则被阻隔，即不允许所有物质同时透过。这种分离特性主要依赖于流动相中不同的物质（离子、分子或微粒）和膜之间的某种区别，最简单的区别是表观尺寸，即粒子的大小和膜的孔径，而在分离机理和性能方面的表现是分子/微粒与膜之间的特性差别，比如荷电性、亲和性（亲油性、亲/疏水性）、键合和溶解性等。在渗透和反渗透中被典型地称为半透性，膜则称为半透膜。半透膜的概念可以应用在所有的膜分离过程中。半透性机理包括筛分作用、吸附作用、电荷排斥作用和溶解扩散作用。

（2）膜分离过程的相。膜分离过程有三个相。基本的三相组成为液相-固相-液相、气相-固相-液相、液相-气相-液相、液相-气相-液相等。相组合和膜过程的含义见表9.1。

表 9.1　　　　　　　　　　　　膜分离过程的相组合及用途

序号	组　合　相		膜　分　离　过　程
1	气相-膜-气相		气体透过（gas permeation，GP）、蒸汽透过（vapor permeation，VP）
2	液相-膜-液相	有相变	渗透汽化（pervaporation，PV）、膜蒸馏（membrane distillation，MD）
	液相-膜-液相	混合溶液	透析（disffusive dialysis，DD）、电渗析（electric dialysis，ED）、反渗透（reverse osmosis，RO）、超滤（ultrofiltration，UF）、微滤（microfiltration，MF）、纳滤（nanofiltration，NF）
	液相-膜-液相	非混合溶液	提取（extraction，perstraction）
3	气相-膜-液相		气体吸收（gas absorption）

　　膜分离技术有多种形式：①通常根据推动力或传质动力分为压力驱动膜过程、电流驱动膜过程、蒸汽驱动膜过程和化学势差驱动的膜过程等。压力驱动膜过程应用最广泛，按照膜孔径不同又分为微滤、超滤、纳滤和反渗透等。电流驱动膜过程主要是电渗析和填充床电渗析。化学势差驱动的膜过程有渗透蒸馏、渗透。②按膜状态分为液膜分离、固膜分离和充气膜分离，液膜分离又分为乳化液膜分离和固定液膜分离；合成固膜的分离过程包括微滤、超滤、纳滤、反渗透、渗透、电渗析等过程。③按照液/气流的连续性划分为连续膜分离和序批式膜分离。④按照渗透方向和进水方向的关系划分，有死端膜分离和错流膜分离之分。膜分离机理和分类见表 9.2。

　　几种主要膜分离过程与相关性能见表 9.3 和分离谱图（图 9.1）。

表 9.2　　　　　　　　　　　膜 分 离 机 理 和 分 类

分离组分性质	分 离 机 理	单 元 分 离 方 法
溶质、气体等低分子物质的分离	溶解、扩散	DD、GP、PV、VP 等致密膜分离过程
	扩散	GP、MD 微孔或多孔膜分离过程
	离子的吸引或排斥	离子交换膜和纳滤等荷电膜分离过程
	筛分	RO、NF、UF、MF 等分离过程
大分子、悬浮物的分离	筛分	UF、MF
	吸附	亲和膜和荷电膜分离过程

表 9.3　　　　　　　　　　几种主要膜分离过程与相关性能

膜过程	推动力	传质机理	透过物	截留物	膜类型
微滤 MF	压力差	颗粒大小和形状	水/溶剂、溶解物	悬浮物、颗粒	多孔膜
超滤 UF	压力差	分子特性、大小和形状	水/溶剂、溶解物、小分子	胶体、大于 MWCO 的物质	不对称膜

续表

膜过程	推动力	传质机理	透过物	截留物	膜类型
纳滤 NF	压力差	离子大小、电荷	水、一价离子	有机物、多价离子	复合膜
反渗透 RO	压力差	扩散传递	水	溶质、盐	不对称膜、复合膜
渗析 D	浓度差	扩散传递	低分子物、离子	溶剂	不对称离子交换膜
电渗析 ED	电位差	电解质离子的选择性传递	电解质离子	大分子物质、非电解质	离子交换膜

注 MWCO（molecular weight cut off）为超滤膜截留分子量。

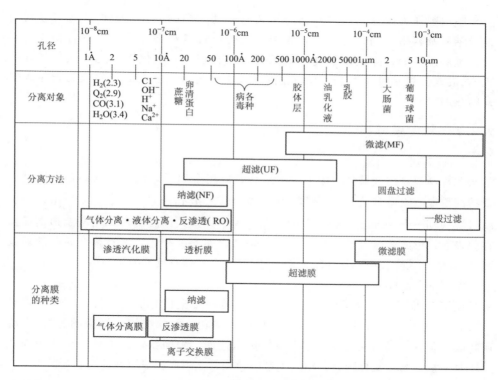

图 9.1 单元膜分离过程与分离谱图

为便于工业化生产和安装，实现最大有效面积，将膜以某种形式组装在一个基本单元设备内，完成混合液中各组分的分离，即膜组件（membrane separation module）或膜分离器（separator）。膜组件（膜分离器）是将膜片/膜丝/膜管与进水流道网、产水流道材料、产水管和抗应力器等组装在一起，实现进水与产水分开的膜分离过程的最小分离单元。膜是膜分离过程的基础，膜组件是工程应用的直接体现，多个单元组件与附属设施的合理配置构成膜装置。

工业膜组件形式主要有板框式、螺旋卷式（简称卷式）、管式（包括毛细管式）和中空纤维式。前两种使用平板膜，中空纤维式采用丝状膜，管式组件使用管式膜。管式膜和丝状膜的主要区别在于管径的规格不同，丝状膜是自支撑膜，有机材料的管式膜通常需要支撑材料，无机材料的管式膜壁较厚。膜管直径：管式大于 10mm；毛细管式为 0.5～10mm；中空纤维式小于 0.5mm。任何一种形式的膜组件通常都由膜、支撑材料和连接件组成。

9.2 膜材料研究进展

膜材料作为膜分离技术的核心越来越受到人们的关注。最早的分离膜材料是纤维素及其衍生物。近年来，各种高性能纤维素及高分子有机聚合物膜材料的开发层出不穷，并出现了新型的陶瓷、多孔玻璃、氧化铝等无机膜材料和有机-无机复合膜材料。为了更好地发挥膜技术的优势，分离膜材料成为近年来研究的热点。

9.2.1 新型膜材料

1. 金属膜

国外新研制的金属膜采用不对称结构，以粗金属粉末做支撑材料，以同种合金的细粉末喷涂做有效滤层（厚度小于 $200\mu m$）；其孔径分布集中在 $1\sim2\mu m$ 之间，属微滤（microfiltration，MF）范围；颗粒物难以进入滤膜内部，堵塞滤道而滞留在膜表面，形成表面过滤。与传统多孔烧结金属滤材相比，不对称金属膜滤通量高 3～4 倍，压降较小，反冲洗周期长达 6～8 个月，且反冲效果较好。

2. 有机-无机复合膜

制造有机-无机复合膜，使之兼具有机膜及无机膜的长处。将无机矿物颗粒（如二氧化锆）掺入有机多孔聚合物（如聚丙烯腈）网状结构中形成的有机-无机矿物膜具有有机膜的柔韧性及无机膜的抗压性能、表面特性，可显著提高表面孔隙率及通量。制造复合膜时，填料类型、粒径、比表面积对膜性能均有影响。

3. 新型有机膜

大连理工大学研究开发出的一种有机膜含二氮杂萘酮结构类双酚单体（DHPZ），该单体具有芳环杂非共平面扭曲结构，由其合成的含二氮杂萘酮结构的聚芳醚酮和聚芳醚砜具有耐高温、可溶解的综合性能。

9.2.2 膜材料的改性

纤维素是最早应用的膜材料，纤维素及其衍生物作为分离膜材料具有来源广泛、价格低廉、制膜工艺简单、成膜性能良好、成膜后选择性高、亲水性好、透水量大、机械强度高、孔径分布窄和使用寿命长等突出优点。但是这类膜也存在一些不容忽视的缺点，如目前使用最为广泛的乙酸纤维素膜（CA）存在pH值适用范围小、不耐高温、不耐微生物腐蚀、易生物降解、抗化学腐蚀性差、易被酸碱水解、抗压实性差、易被压密等缺点。为了充分发挥纤维素及其衍生物膜材料的优点，克服其缺点，人们对其进行了大量的改性研究，并开发出一些新型的高分子膜材料。从20世纪80年代初开始，采用耐热性、耐化学稳定性、耐细菌侵蚀和较好机械强度的特种工程高分子材料作为膜材料，克服了用纤维素类材料所制膜易被细菌侵蚀、不适合酸碱清洗液洗、不耐高温和机械强度较差等弱点。截至2020年，先后出现了聚砜（PSF）、聚丙烯腈（PAN）、聚偏氟乙烯（PVDF）、聚醚酮（PEK）、聚醚砜（PES）等多种特种工程高分子材料，这些材料的出现使得膜的品种和应用范围大大增加。有机膜虽然耐高温、耐酸碱、耐细菌腐蚀，但制出的膜针孔很多，不易制出截留分子量小、透水速度高的膜产品，且由于特种工程高分子材料具有较强的疏水性，用这些材料制成的膜表面亲水性差，在实际使用中，由于被分离物质在疏水表面产生吸附等原因，易造成膜污染，其后果是带来膜通量明显下降、膜使用寿命缩短、生产成本增加等一系列问题，成为膜技术进一步推广应用的阻碍。因此，若要保持特种工程高分子材料耐热性、耐化学稳定性、耐细菌侵蚀和较高的机械强度等优点，又要克服其疏水、易造成膜污染的缺点，就必须对膜材料进行改性。高分子分离膜材料的亲水改性主要有化学改性和物理改性两种方法：化学改性可以通过膜材料化学改性和膜表面化学改性来实现；物理改性即高分子膜材料的物理共混，也可以改善膜材料的亲水性能。对于膜的改性，增大膜的透水量，尤其是在膜表面引入亲水性基团是解决问题的关键。提高膜的亲水性，则膜的透水量变大，但亲水性过高后，膜不仅易溶解，而且会失去机械强度。因此，巧妙地平衡膜的亲水性和疏水性，是制作膜的关键。近年来研究的高分子膜的改性方法有等离子体法、表面活性剂法、紫外辐照法、高分子合金法和表面化学反应法等。

1. 等离子体法

等离子体改性的原理是：利用离子体中富集的各种活性粒子，如离子、电子、自由基、激发态原子或分子等轰击高分子材料的表面，使表面形成活性自由基，利用活性自由基引发功能性单体使之在表面聚合或接枝到表面。利用等离子体处理疏水性较强的膜材料，可以提高膜表面的能量，同时也可方便地使膜表面带上羰基、羟基等极性基团，以增强膜表面的极性而对材料本体损伤较小。与其他改性方法相比，等离子体技术有其独特的优点：具有较高的能量密度；能够产生活性成分，从而可快速、高效地引发通常条件下不能或难以实现的物理化学变化；能赋予改性层表面各种优异性能；改性层的厚度极薄（几纳米到数百纳米）；基体的整体性质不变，不产生大量副产品和废料，不污染环境等。邢丹敏用氧等离子体照射改性聚氯乙烯（PVC）超滤膜，PVC 经过等离子体处理以后，膜表面生成的含氧基团主要是-COOH 及含羧基化合物（-COO-），表面接触角明显减小，入射功率为 30W，处理时间为 115min，预抽气压为 1133Pa，工作气压为 26166Pa 时，膜的截留特性保持不变，纯水通量可增加 10 倍。

2. 表面活性剂法

表面活性剂在膜表面的吸附改性是利用表面活性剂的极性或亲媒性显著不同的官能团在溶液与膜的界面上形成选择性定向吸附，使界面的状态或性质发生显著变化，从而达到改性的目的。表面活性剂具有带电特性，不仅可提供亲水性的膜表面，而且表面活性剂在膜表面的吸附会增大膜的初始通量，同时降低使用过程中通量的衰减和蛋白质在膜表面的吸附。陆晓峰等在研究中分别选用了非离子型、阴离子型和两性离子的表面活性剂对聚砜超滤膜进行改性，结果表明：用表面活性剂对膜改性后，膜亲水性增强，通量都比未改性膜有不同程度的提高；采用不同类型表面活性剂的改性效果优劣顺序为非离子型表面活性剂＞离子型表面活性剂＞两性离子表面活性剂。但也发现随过滤时间的延长，表面活性剂逐渐脱落，通量下降。

3. 紫外辐照法

在辐射能的作用下辐照激发使膜的结构发生变化，分子键断裂，产生一些亲水性基团，如羧基、乙烯基等。这些亲水性基团的增加使膜表面的亲水性基团增多，通量增多，但截留率和膜强度略有下降。辐照接枝聚合反应是通过 γ 射线、电子束、紫外线等高能辐射使聚合物分子链产生自由基，再通过接枝聚合反应的方法在膜表面得到亲水性基团，对制备亲水性膜是一种行之有效的方法。陆晓峰等将 PVDF 干膜经 Co260γ 源辐照，在 PVDF 分子链上产生自由基，苯乙烯基单体与之聚合接枝到 PVDF 膜上，形成一定长度的支链，再经磺化反应，将苯乙烯基转化成具有磺酸基团的苯环。试验表明，提高辐照剂量、延长接枝反应时间可提高接枝率。适当提高磺化反应温度和延长磺化反应时间，可增加膜的交换容量。改性后的聚偏氟乙烯超滤膜，截留率提高，污染程度下降，亲水性增强。

4. 高分子合金法

高分子合金材料由多种高分子混合而成，通过共混改性，形成一种新的高分子多成分系统材料，不仅可保留原有材料的优良性能，还可克服原有材料的各自缺陷，并产生原有材料所没有的优异性能。李焦丽等报道改性后的聚砜/聚丙烯酰胺合金膜具有良好的耐溶剂性能和耐压性能，适用于非水体系的分离。小试结果表明，其具有一定的渗透通量和截留效果。Vigo 等报道，在 PVC 分子上导入亲水基团，对 PVC 材料进行物理改性，即 PVC 材料合金化，方法简单易行，调节幅度大，有着广阔的应用前景。邱运仁以不锈钢金属纤维烧结毡作基材，对一定浓度的 PVA 进行缩醛改性，制备了金属-改性 PVA 复合亲水膜，用其处理含油乳化废水，具有操作压力小、处理量大和除油效果好等优点。

5. 表面化学反应法

表面化学反应是在膜的表面引入另一种基团，在表面反应的作用下改变膜的缺点。如表面磺化反应通过引入具有负电荷的 $-SO_3^-$ 来改变膜的亲水性。目前，在膜改性中磺化反应是应用最多的，如磺化聚砜、磺化聚醚砜、磺化聚苯醚等。用磺化材料制得的膜亲水性好，且抗污染性能有所提高。另一种表面化学反应是弗克反应，在乙烷、氯甲基乙醚等溶液中，弗克催化剂（$AlCl_3$、$SnCl_4$、$ZnCl_2$）使膜材料芳香环上的氢原子发生亲电子取代反应，以便引入亲水基团 $-CH_2Cl$，也可以利用弗克反应引入 $-(CH_2)_3SO_3$ 和 $-CH(CH_3)CH_2OH$ 等基团。

6. 其他改性方法

还有其他的一些膜材料改性方法，如添加剂改性，添加剂使膜表面结构永久性改变，并使膜亲水性增强，不易污损。这种膜的通量高，液体相容性好，稳定性比市场上其他膜高 4 倍以上，不需经常清洗，特别适于原水预处理以减少用氯量，对病毒的去除率达到 $70\%\sim78\%$ 以上，对细菌的去除率更高。

英国 Kalsep 公司在聚醚砜中加入低沾污添加剂化学改性制得一种广适性低沾污膜，生产的 Kalmen 系列低沾污改性聚醚砜膜及成套设施已投放市场。也可用其他聚合物作为添加剂，形成亲水性水平不同的膜，如水溶性聚乙烯吡咯烷酮添加剂能使聚砜膜具有亲水特性。此外，还可以在辐照改性中引入其他物质，如 Stevens 等将水解明胶经紫外光照射固定到聚砜膜表面所得到的新膜，其通量及抗污损能力亦显著提高。

9.3 微 滤

微滤（microfiltration，MF）是开发较早的膜分离技术，产业化最早、应用面最广、消耗量最大。

9.3.1 微滤原理

微滤又称为精密过滤。通常微滤膜具有比较整齐、均匀的多孔结构，孔径范围为 $0.1\sim10.0\mu m$，使过滤从一般的比较粗糙的相对性质过渡到精密的绝对性质，主要用于对悬浮液和乳浊液的过滤截留。过滤机理分表面过滤与深层过滤两类。首先，微滤的基本原理为筛网型过滤，即表面过滤，主要以筛分截留作用实现分离目的。另外，Pusch 等人认为，除了要考虑孔径因素外，还要考虑其他因素对微滤的影响，即存在膜表面的物理、化学和电性吸附截留作用。通过电子显微镜可以观察到，在微滤膜孔的入口处，因为架桥作用，小于膜孔径的微粒也同样可以被膜截留。如图 9.2 所示，由于膜内部孔是不规则的网络型孔，不是贯通孔，所以还存在膜内部网络型膜孔的内部截留作用，即深层过滤作用。微滤运行时，水、微粒向膜表面移动，较大的微粒被膜面截留，一部分细小微粒可以被流体带回流体主体，部分细小微粒由于架桥或吸附作用积累在膜表面，导致膜表面局部浓度升高，少量细小微粒进入膜孔。膜表面吸附的微粒会进一步阻碍细小粒子和水通过膜孔。表面截留近似于绝对过滤，易清洗；膜内部深度截留近似公称值过滤，不易被清洗出来，易造成膜孔不可逆污堵。

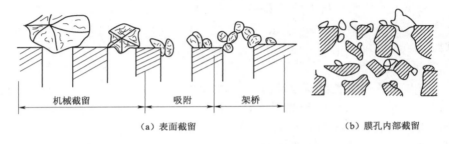

（a）表面截留　　　　　　　　　　　（b）膜孔内部截留

图 9.2　微滤膜的表面截留和膜孔内部截留示意

（1）微滤过滤初始阶段以筛分为主，比膜孔径小的粒子进入膜孔，其中一些粒子由于电性引力、分子间作用力等力的作用被吸附于膜孔内，减小了膜孔的有效直径，导致膜通量下降。该阶段持续时间的长短与膜孔径相对于微粒的大小、料液浓度以及料液流速等因素有关。

（2）微滤过滤中期阶段属于滤饼层过滤。微粒开始在膜表面形成滤饼层，膜孔内吸附逐渐趋于饱和，此时，膜表面吸附微粒较多，开始形成膜表面上的微粒层状堆积。此阶段膜孔内和膜表面的吸附共同对膜通量变化起控制作用。

（3）微滤过滤后期，随着更多微粒在膜表面的吸附，微粒开始在膜孔处架桥，部分微粒阻塞膜孔，最终在膜表面形成一层稳定的微粒层，膜通量随之趋于稳定下降。

微滤的操作压力一般为 0.01～0.2MPa，属于低压膜分离过程。

9.3.2　微滤的特点

微滤膜的结构决定了微滤技术的特点，也决定了它应用的广泛性。

（1）分离效率高是微滤最重要的特征。微滤膜孔径比较均匀，最大孔径与平均孔径之比为 3～4，孔径基本呈正态分布，常被作为起保证作用的精密过滤手段，可靠性强。

（2）孔隙率高。如采用相转变法制造的有机高聚物微滤膜的孔隙率高达 90%，平均孔密度为 10^7～10^{11} 个/cm^2。

（3）微滤膜厚度一般为 10～200μm，水的过滤速度比粒状过滤介质高几十倍，过滤时对过滤对象的吸附量小，因此贵重物料通过微滤时损失较小。

（4）有机高聚物微滤膜为连续的整体结构，没有卸载和过滤材料脱落的问题。

（5）微滤膜内部的比表面积比超滤小，以表面截留作用为主，属于绝对过滤介质。孔道对颗粒杂质的纳污容量小，易被物料中与膜孔大小相近的微粒堵塞，故多用于终端精密过滤。

（6）微滤膜孔径大，膜通量大，操作压力低。在同等过滤精度下，跨膜压差为 0.1～0.3MPa。

9.3.3 微滤的操作方式

通常微滤的操作方式可分为死端过滤和错流过滤两种操作方式。

1. 死端过滤（dead-end）

死端过滤又称为并流操作、无流动操作或静态过滤、全量过滤。料液置于膜的上游，在压差推动下，溶剂和小于膜孔的溶质透过膜，大于膜孔的颗粒则被膜截留，该压差可通过原料液侧加压或透过液侧抽真空产生。在这种流动操作中，随着时间的增加，被截留颗粒通常堆积在膜面上，将在膜表面形成污染层，使过滤阻力增加，并且随着过程的进行，污染层将不断增厚和压实，过滤阻力将不断增加。因此死端过滤操作只能是间歇式的，必须周期性地停下来清洗以去除膜表面的污染层，或者定期更换膜。

死端过滤只需要克服膜阻力的能量，因此普通的实验室用真空泵或增压泵就可以提供足够的能量使微滤的流速达到要求。死端过滤应用广泛主要是因为这种方式处理成本很低，操作简便易行，适于稀（固含量）溶液和实验室及低浓度小批量间歇操作等小规模场合。对固含量低于 0.1% 的水处理通常采用这种形式。为扩大其应用范围，常采用搅拌方法来强化死端过滤。搅拌措施由于简便、实用，并兼有强化传质和改善膜污染的作用而成为拓宽死端过滤应用领域的一项重要措施。

在搅拌死端过滤中，压力、温度、浓度和搅拌速率均是膜的水通量的影响因子，且压力在 0.04～0.10MPa 范围内，搅拌速率、温度和压力对水通量具有显著的影响，水通量与搅拌速度、温度成正比，搅拌产生的循环流明显地降低了膜污染，提高了水通量，对搅拌死端过滤起到了强化传质作用。在较低压力范围内，水通量随压力的增大而增加，在水通量达到极限值以后，压力的增加将导致水通量的下降。在料液浓度较低时，水通量随料液浓度的增大而降低，搅拌作用不明显，而随着浓度的继续增大，搅拌作用越来越明显，使得较高浓度料液微滤处理时膜的水通量提高，并能达到低浓度下的水平。浓度的继续增加则又会导致水通量下降。搅拌速率对水通量的影响最为显著，其次是温度、压力、浓度。

2. 错流过滤（cross - flow）

错流过滤又称为十字流过滤、切线流操作。与死端过滤不同的是，料液流经膜面时产生的高剪切力把膜面上沉积、滞留的颗粒带走，由过滤导致的颗粒在膜表面的沉积速度与流体流经膜表面时因速度梯度产生的剪切力引发的颗粒返回主体流的速度达到平衡，使污染层不再无限增厚，保持在一个较薄的稳定水平，如图 9.3 所示。当固含量高于 5％时，为避免膜被堵塞，宜采用错流设计。微滤组件需要进行周期性清洗、再生。连续微滤（continue microfiltration，CMF）技术是错流过滤膜装置单元工业化应用的典型操作模式，是针对死端过滤的缺陷发展的。

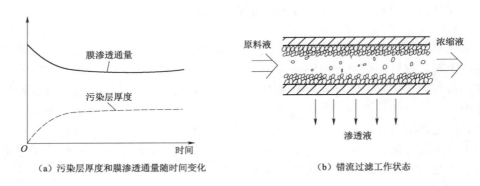

（a）污染层厚度和膜渗透通量随时间变化　　　（b）错流过滤工作状态

图 9.3　错流过滤操作状态下微滤性能示意

9.3.4　微滤技术的应用

微滤是所有膜过程中应用最普遍、销售额最大的一项技术，年销售额大于其他所有膜过程销售额的总和。微滤用于自来水、地下水、地表水的除菌、除浊、净化。使用途径不同，选择的微滤膜也不同，例如，孔径为 $0.2\,\mu m$ 的医药级微孔滤膜在滤程中能精确地全量滤除细菌。

微滤作为反渗透的预处理手段具有多方面的优势：①微滤能很好地阻挡胶体，滤过水的淤泥密度指数（silt density index，SDI）和浊度都远远低于传统预处理方法的，大大降低了胶体对反渗透膜的污染，使反渗透的清洗周期大大延长；②微滤对有机物的截留效果显著，可以有效地减少反渗透膜的有机物污染；③微滤出水水质更稳定，不受原水水质变化的影响；④相比传统的过滤工艺，微滤系统操作简单、稳定；⑤设备占地面积小，大型系统仅为传统过滤器的1/5；⑥微滤系统更便于今后发展的设计；⑦微滤的运行费用有竞争力，很多系统运行费用比传统工艺低；⑧设备投资也越来越具有竞争性。

微滤可用作反渗透的预处理或自来水厂的过滤单元，常规工艺流程为：

（1）地下水/自来水→微滤（MF）→保安过滤器→反渗透（RO）。

（2）地表水/污水/废水→微絮凝器（MF）→PCF纤维过滤器→微滤工艺（MF）→活性炭过滤器→保安过滤器→反渗透（RO）。

在作为饮用水处理的预处理措施时，微滤或微滤系统远行于低压状态，可以使用一般的泵、管线、阀门、配件等，这就大大地降低了硬件的成本和维修费用。家用直饮水处理也是微滤在饮用水处理方面的典型应用。

微滤也可以用作海水淡化预处理。海水中含有大量的海藻、微粒、悬浮物、细菌和胶体物质等杂质，特别是细菌和藻类物质，它们可以在管道和膜表面迅速繁衍生长，容易堵塞水路和污染反渗透膜，影响其使用寿命，利用常规的预处理技术很难完全除去。采用混凝-微滤膜工艺流程不但使海水的浊度降到0.5NTU以下，而且也可除去全部的海藻和细菌，从而延长反渗透膜的使用寿命。

游泳池循环水处理是微滤应用的一大市场。游泳池循环水处理对占地面积要求严格，随着其他物理、化学技术的发展及其与膜分离技术的联合，微滤技术凭借其占地小、自动化程度高的优势在这个领域的应用市场将会越来越大。微滤膜处理后的出水质量高而且稳定，浑浊度稳定在0.20NTU左右，大肠菌群和细菌总数均远远低于要求的游泳池水质指标。但是余氯、水温和pH值等对微滤膜处理游泳池水有一定影响。

9.4 超　　滤

9.4.1 超滤原理

超滤（ultrafiltration，UF）介于微滤和纳滤之间，筛分孔径小，几乎能截留溶液中所有的细菌、热源、病毒及胶体微粒、蛋白质、大分子有机物。超滤在给水处理方面有很好的应用。由于具有较高的过滤精度，超滤作为替代技术可以简化传统水处理庞大的凝聚、澄清、过滤设备和复杂的工艺流程，在水的过滤处理中完全能够保证出水 SDI<2，以超滤作为预处理的有效技术的UF＋RO系统已经越来越广泛地应用在实际水处理工程中。反渗透、超滤、微滤的分

离特性见表 9.4。

表 9.4　　　　　　　　　　　反渗透、超滤、微滤的分离特性

膜过程	膜孔径	分子量	分离粒径 /μm	渗透压	操作压力 /MPa	水透过率 / [m³/(m²·d)]	截留物质
反渗透	<10Å	<500	<0.1	高	2~10	0.1~2.5	糖、盐
超滤	0.001~0.1μm	>500	0.05~10	很小	0.1~0.5	0.5~5.0	大分子、胶体
微滤	0.05~2.0μm	>500	0.03~15	小	0.01~0.2		微粒

　　广泛用来分析超滤膜分离机理的理论是筛分理论。超滤是一种与膜孔径大小相关的筛分过程，以膜两侧的压力差为驱动力，膜表面密布的许多细小的微孔只允许原料液中溶剂和小分子的溶质从高压的料液侧透过膜到低压侧；而原液中直径大于膜表面微孔径的大分子组分则被截留在膜的进液侧，在滤剩液中浓度增大，因而实现对原液净化、分离和浓缩的目的。

　　超滤膜具有选择性的主要原因是形成了具有一定大小和形状的孔，而聚合物质的化学性质对膜的分离特性影响不大，可以用细孔模型表示超滤的传递过程。然而，实际上超滤膜在分离过程中，膜孔径大小和膜表面的化学性质等将分别起着不同的截留作用。膜表面及微孔内的吸附是基于膜表面的化学特性，如荷电性和亲水性；孔内阻塞停留是由于分离的杂质粒径和膜孔径相仿；膜面机械截留是主要分离作用，基于杂质粒径大于膜孔径。超滤基于有孔理论，孔比较小，以机械截留为主；而反渗透分离作用是基于无孔理论，认为表面超薄分离层是致密膜，以溶解-扩散作用为主。

　　超滤能否有效分离组分除取决于膜孔径及溶质粒子的大小、形状及刚柔性外，还与溶液的化学性质（pH 值、电性）、成分（有否其他粒子存在）以及膜致密层表面的结构、电性及化学性质（疏水性、亲水性等）有关。整个分离过程在动态下进行，无滤饼形成，使膜表面的不渗透物质仅为有限的积聚，过滤速率稳定的状态下可达到一平衡值而不致连续衰减。拦截过程有以下 3 种假设。

　　1. Lacey 孔模型

　　如图 9.4 所示，溶质被截留是因为溶质分子太大，不能进入膜孔；或者由于摩擦力，大分子溶质在孔中流动受到的阻碍大于溶剂和溶质。该模型认为大分子溶质不能百分之百被截留，因为膜孔径有一定的分布。由孔模型可以预料，膜的透水量 Jv 正比于

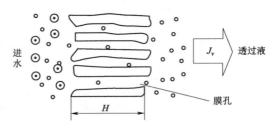

图 9.4　Lacey 孔膜分离模型

操作压力，而溶质的截留率与压力无关。

2. 筛分理论

超滤膜是压力型驱动膜，分离原理与反渗透膜不同，它基本属于多孔膜上的机械截留，分离对象为大分子物质、病毒、胶体等。表征分离性能的指标通常用截留分子量来表示，如截留分子量为 10 万，表示水中分子量大于 10 万的物质基本上都无法透过膜，被截留在膜面。不对称结构膜的分离部分极薄（<1μm），为具有一定孔径尺寸的表皮层；支撑层部分较厚（<125μm），为具有海绵状或指状结构的多孔层。

3. 索里拉金理论

超滤不仅仅是一种筛孔过滤的过程，溶质、溶剂、膜材质的相互作用对传质起很重要的作用。索里拉金理论认为有两个因素决定膜的分离特性：①溶质、溶剂、膜材质的相互作用，包括范德华力、静电力、氢键作用力，溶质分子在膜表面或膜孔壁上受到吸引或排斥，影响膜对溶质的分离能力；②溶质分子尺寸与膜孔尺寸的相对比较，即膜的平均孔径和孔径分布影响膜的分离特性。

9.4.2 超滤的操作参数

1. 水通量（flux）

水通量一方面取决于膜孔（截留分子量）的大小和分布，另一方面取决于操作压力。

2. 操作压力、压力降和膜压差

中空纤维超滤膜的操作压力范围为 0.1～0.6MPa，泛指在超滤的定义域内，处理溶液通常所使用的操作压力。分离不同分子量的物质，需要选用相应截留分子量的超滤膜，则操作压力也有所不同。压力过低，水通量小。随着操作压力的增加，透水量基本呈线性增大，这表明压力是超滤过程的主要动力。但是压力过大时由于压密、污染，水通量反而变小。水通量的衰减速率随着操作压力的提高而增大，这表明操作压力的提高将加剧浓差极化，在膜表面累积的高分子及胶体物质将形成所谓的第二动态膜，即凝胶层，严重影响水流状态，增加水分子及低分子量物质的透过阻力，致使外界增加的压力与所产生的阻力相抵消，导致水通量急剧下降，因此超滤宜在推荐的操作压力下工作。

在选择操作压力时除根据膜及外壳耐压强度外，还必须考虑膜的压密性及膜的耐污染能力，压力越高透水量越大，相应被截留的物质在膜表面积聚越多，阻力增大，会引起透水速率的衰减。选择较低操作压力对膜性能的充分发挥是有利的。

操作压力由于膜面积累污物而减少，即有压力降。压力降指原液进口处压力与浓缩液出口处压力之差。压力降与供水量、流速及浓缩水排放量有密切关系，特别对于内压中空纤维或毛细管超滤膜，沿着水流方向膜表面的流速及压力是逐渐变化的。供水量、流速及浓缩水排放量越大，则压力降越大，此时造成下游膜表面的压力不能达到所需的操作压力，膜组件总的产水量会受到一定影响。在实际应用中，应尽量控制压力降值不要过大，随着运行时间延长，由于污垢积累而增加了水流的阻力，使压力降增大，当压力降高出初始值 0.05MPa 时应进行清洗，以疏通水路。

膜透过通量与压力无关时的通量称为临界透过通量。实际操作压力应维持在临界通量附近，此时的操作压力为 0.5～0.6MPa。

3. 回收比和浓缩液流量

回收比和浓缩液流量是一对相互制约的因素。如果浓缩液流量大，回收比就小；如果回收比大，则浓缩液流量就小。为了保证超滤系统的正常运行，应规定组件的最小浓缩水排放量及最大回收比。在一般水处理工程中，中空纤维超滤膜组件回收比为 50%～90%。回收比选择的根据是进料液的组成及状态，即能被截留的物质的多少、在膜表面形成的污垢层厚度及对透过水量的影响等多种因素。在多数情况下，也可以采用较小的回收比、浓缩液循环的操作，即使排放的浓缩液回流入原料浓系统，用加大循环量来减小污垢层的厚度，从而提高透水速率，在某些情况下并不一定提高单位产水量的能耗。

4. 膜面流速

原料液（进水）在膜表面上流动的线速度是超滤系统中的一项重要操作参数。流速大造成能量的浪费和产生过大的压力降，而且加速超滤膜性能的衰退；流速小使截留物在膜表面形成的边界层厚度增大，加剧浓度极化现象，既影响了透水速率，又影响了透水质量。所以流速不能任意确定，与进口压力与进水流量有关。最佳流速是根据实验来确定的。中空纤维超滤膜在进水压力维持在 0.2MPa 以下时，内压膜的流速为 0.1m/s，流型处在完全层流状态，外压膜可采用较大的流速；当毛细管直径达 3mm 时，毛细管型超滤膜面流速可适当提高，对减小边界层厚度有利。

5. 料液温度

温度是影响超滤水通量的主要因素。超滤膜的透水能力随着温度的升高而增大，因为水溶液的黏度随着温度增加而降低，从而降低了流动的阻力，相应提高了透水速率；温度的升高加速了分子运动，使水分子和低分子量物质更易透过膜，随着水温的升高，水通量随时间的衰减趋势也逐渐平缓。通常情况下，中空纤维超滤膜的工作温度应在（25±5）℃，需要在较高温度状态下工作时则可选用耐高温膜材料及外壳材料。操作温度主要取决于所处理物料的化学、物理性质。实际操作温度也要考虑膜材料的稳定性。

6. 操作时间（运行周期）

随着超滤过程的进行，在膜表面逐渐形成凝胶层使水通量下降，当水通量达到某一最低数值时，就需要进行冲洗，这段时间为运行周期。运行周期的变化与清洗情况有关。

7. 进水水质

为了提高膜的水通量，保证超滤膜的正常稳定运行，根据需要应对进水进行预处理，以满足进水条件要求，并延长超滤膜的使用寿命，降低处理费用。预处理主要去除可能造成膜面吸附、膜孔堵塞和引起凝胶化的悬浮固体和胶体杂质。预处理方法具体如下：

（1）地下水及悬浮物、胶体物质含量小于 50mg/L 的水，宜采用直接过滤或在管道中在线加入絮凝剂的微絮凝过滤。

（2）地表水及含悬浮物、胶体物质含量大于 50mg/L 的水，应采用混凝澄清、过滤工艺。

（3）原水中含细菌、藻类及其他微生物较多时，必须先行杀菌，然后再按常规程序处理。杀菌剂有氯、次氯酸钠、臭氧等，而过氧化氢、高锰酸钾多用于清洗组件时的杀菌处理。

（4）原水经杀菌剂处理后，如果水中含有较多的余氯或其他强氧化剂，可加入亚硫酸钠等还原剂或者用活性炭吸附去除，以保证后序芳香聚酰胺反渗透膜的安全。

9.4.3 超滤技术的应用

给水处理中所用的超滤膜可以拦截颗粒物、悬浮物、胶体、细菌、病毒及大分子有机物等。随着国内超滤水处理技术水平的大幅提高，超滤技术在给水中的应用前景也越发广阔。与常规给水处理工艺相比，超滤技术的应用领域与其技术优势相结合，表现在以下几个方面。

（1）给水品质好。①超滤技术对胶体、颗粒物、悬浮物与藻类等浊度物质有着优异的去除效果，出水浑浊度可降到 0.1NTU 以下，且受原水水质波动的影响很小。超滤组合工艺因其良好的出水水质，已很好地应用于给水的深度处理，在直饮水系统中的实际应用也越加广泛。②超滤能将"两虫"、藻类等水生生物及细菌、病毒等病原微生物几乎全部去除，是保证饮用水生物安全性的有效技术。由于超滤对微生物的优异去除效果，消毒剂用量可大大减少，不仅降低了药耗，也显著减少了消毒副产物（DBPs）的生成，提高了水的化学安全性。③超滤技术受水的天然化学属性的干扰和影响小，减少了常规水处理过程中需要向水中投加的药剂量，有效改善了饮用水的口感，适宜人们饮用，有利于人体健康。

（2）自动化程度高。超滤膜封装于设备内，可实现工厂生产、现场安装的现代化建设流程。工厂生产不但速度快、质量高、不受环境因素限制，而且易于实现统一的接口标准，有利于自动化模块的配置。标准设备的现场安装也易于实现机械化施工，有利于快速、低成本、保质量地建给水站。运行阶段，由于采用统一的标准，自动化模块易于识别并调整超滤设备运行情况，出现问题也便于利用标准件进行维护。

超滤装置可由若干相对独立的标准膜堆单元组装而成，可以通过增减组装标准膜堆单元的数量来满足给水厂（站）不同处理水量的要求，适应农村给水布局分散、规模差异大的特点，也有利于规模较大给水站的分期实施，减少了初期建设费用的投资，实现了水量需求与产能建设同步。

（3）易于组合其他水处理单元。超滤与其他处理工艺能有机地实现一体化，形成超滤组合工艺，可灵活地根据原水水质差异更换适宜的处理单元，使出水水质更优。如活性炭与超滤联用工艺能更好地去除水中的天然有机物，混凝超滤能在较好地保证出水水质的同时保持较高的膜通量。与此同时，采用超滤技术的水厂占地面积只有常规工艺水厂的 $1/5 \sim 1/3$，适用于规模小的分散式供水场所和用地集约的区域。

9.5 纳 滤

9.5.1 纳滤原理

在反渗透和超滤发展的基础上，20 世纪 70 年代 J. E. Cadotte 研究开发了 NS-300 膜，将纳滤（nanofiltration，NF）引入了膜技术领域。纳滤的最初定义是杂化过滤，膜对氯化钠的截留率为 $50\% \sim 70\%$，对有机物的截留率为 90% 左右，纳滤的分离特性介于反渗透与超滤之间，截留分子量为 $100 \sim 2000 \mathrm{Da}$，能截留超滤过程中透过的物质。反渗透能截留大分子有机物和盐分，超滤却使两类杂质都透过，纳滤则截留了大分子有机物和高价盐分，使低价盐分（单价）透过，截留分子量介于反渗透膜和超滤膜之间。根据其分离范围为 $1\mathrm{nm}$ 至几纳米的特点，将其定义为纳滤膜，用于去除水中 $1\mathrm{nm}$（$10\mathrm{A}°$）以上的颗粒杂质和分子量大于 $200 \sim 400 \mathrm{Da}$ 的有机物和高价离子。实现纳滤组件的工业化后，纳滤技术在饮用水、纯净水制备等许多领域得到应用，成为 21 世纪最具代表性的膜分离技术。

纳滤膜相继被称为疏松反渗透膜、低压反渗透膜和超渗透膜。纳滤膜分离需要的跨膜压差一般为 $0.5 \sim 2.0 \mathrm{MPa}$，比用反渗透膜达到同样的渗透量所必需的压差低 $0.5 \sim 3.0 \mathrm{MPa}$。纳滤膜是荷电膜，能进行电性吸附。所以从分离原理上讲，纳滤和反渗透有相似的一面，又有不同的一面。纳滤膜的孔径和表面特征决定了其独特的性能，对不同电荷和不同价数的离子具有不同的道南（Donann）电位。

纳滤膜的分离机理为筛分和溶解扩散并存，同时又具有电荷排斥效应，可以有效地去除二价和多价离子、去除分子量大于 200Da 的各类物质，可部分去除单价离子和分子量小于 200Da 的物质。纳滤膜的分离性能明显优于超滤和微滤，而与反渗透膜相比具有过程渗透压低、操作压力低、节能等优点。分离过程主要有以下假设。

（1）溶解-扩散原理。渗透物溶解在膜中，并沿着它的推动力梯度方向扩散传递。

（2）Donann 效应。当把荷电膜置于盐溶液中时会产生动力学平衡，膜相中的反离子浓度比主体溶液中的高，同性离子浓度低，从而在主体溶液中产生 Donann 能位势，该能位势阻止了反离子从膜相向主体溶液的扩散和同性离子从主体溶液向膜相的扩散。该效应称为道南效应。当压力梯度驱动水通过膜时，Donann 能位势排斥同性离子进入膜，同时保持电中性。

作为荷电膜，纳滤膜与电解质离子间形成静电作用，电解质离子的电荷强度不同，膜对离子的截留率也不同。在含有不同价态离子的多元体系中，Donann 效应使得膜对不同离子的选择性不一样，不同的离子透过膜的比例也不相同。

（3）选择性截留。纳滤膜孔径介于反渗透和超滤之间，在分离过程中体现截留作用，膜孔径处于纳米级，适宜分离尺寸约为 1nm 以上的溶质组分，截留分子量大于 200Da 的有机物和多价离子，允许小分子有机物和单价离子透过，大分子物质和高价离子由于水合离子半径大而被截留。

9.5.2　纳滤膜性能

绝大多数纳滤膜的结构是多层疏松结构，属于非对称膜，在膜的截面方向孔结构是非对称的。膜表面为超薄的、起分离作用的、致密的或具有纳米孔的分离层，分离层下面是多孔的支撑层。与反渗透相比，即使在高盐度和低压条件下纳滤膜也具有较高渗透通量。

分离层材料的性质和制备方法对纳滤膜的分离性能有决定性的影响。纳滤膜大多从反渗透膜衍化而来，工业上用于纳滤膜制备的聚合物成膜材料基本上与反渗透膜材料相同。

商品化纳滤膜的膜材质主要有醋酸纤维素（CA）、磺化聚砜（SPS）、磺化聚醚砜（SPES）、芳族聚酰胺（PA）、聚乙烯醇（PVA）和聚呱嗪酰胺等。纳滤膜以有机膜为主，除有机膜外，也有少数厂家生产无机膜，如将聚磷酸盐和聚硅氧烷沉积在无机微滤膜上制备成复合无机纳滤膜、以氧化锆为原料的纳滤膜和钛氧化陶瓷纳滤膜。

纳滤膜在使用和保存过程中的重点是要防止微生物在膜表面的繁殖及破坏，防止膜的水解、冻结及膜的收缩变形。温度和 pH 值是醋酸纤维素膜水解的两个主要因素；对于芳香聚酰胺膜，pH 值及水中游离氯的含量则是其水解的主要因素。在冬季运输过程中常常发生纳滤膜的冻结，膜的冻结使膜中的水分形成冰晶而使膜结构膨胀，造成膜的性能大幅度下降或破坏。膜的收缩变形是因为在湿态膜保存时失水及膜在与高浓度溶液接触时膜中的水急剧向溶液中扩散。醋酸纤维素纳滤膜在干态时应避免阳光直接照射，要保存在阴凉、干燥的地方；适宜的保存温度为 8～35℃。

纳滤膜的特征归纳起来包括以下几个方面：

（1）膜孔介于反渗透膜与超滤膜之间，大致为 1～10nm，截留分子量为 200～1000Da。这是纳滤不同于其他膜过程的本质区别，决定了纳滤的特殊应用领域。纳滤膜适宜于分离相对分子量在 200Da 以上的低分子有机物和多价盐，相当于分子尺寸在 1nm 的组分。

（2）纳滤膜属于低压操作膜，操作压力范围为 0.5～2.5MPa。在相同的膜通量下，反渗透的操作压力很高，甚至高达几兆帕至十几兆帕。操作压力降低意味着设备或系统的动力要求降低，同时也降低了操作要求，因此纳滤的设备投资和运行成本都比反渗透低。近些年纳滤在饮用水制备方面有取代反渗透的趋势。

（3）纳滤膜的荷电性是最重要的特征，由此导致截留机理不同于传统的机械筛分，附加了膜与无机阳离子、有机物的电性作用。荷电性可用 Donann 效应和 Nernst - Planck 方程进行分析和解释。荷电性使其不仅能分离有机物，还对无机盐类有着复杂的分离效果。

（4）膜材料可采用多种材质，如醋酸纤维素、磺化聚砜、磺化聚醚砜、芳香聚酚胺复合材料和无机材料等。

（5）纳滤膜对不同价态的离子截留效率有较大区别：对阳离子的截留能力按 H^+、Na^+、K^+、Mg^{2+}、Ca^{2+}、Cu^{2+} 的顺序依次递增；对阴离子的截留能力按 NO_3^-、Cl^-、OH^-、SO_4^{2-}、CO_3^{2-} 的顺序依次递增。受截留离子的电荷数和离子半径影响，电荷数越高越易被截留，当电荷数相同时，离子半径越大越易被截留。

（6）由于纳滤膜多为复合膜及荷电膜，因而纳滤膜具有较强的耐压密性和较强的抗污染性。

由于有些纳滤膜表面分离层材质为两性聚电解质，因此必须同时考虑溶质和膜的性质，才能正确描述纳滤膜对两性溶质的截留行为。

9.5.3 纳滤的操作参数

（1）操作压力。虽然随着操作压力的增大膜的产水量也不断增大，但在实际应用中为延长膜的使用寿命和降低能耗，操作压力不宜过大。

（2）温度。保持合理的料液温度对脱除率有重要影响。温度升高，脱除率下降、膜通量上升。根据溶解-扩散模型，温度升高则膜内的通道由于聚合物分子链段运动剧烈而变大，使溶剂更容易透过，从而引起膜通量的上升。同时，由于水是在氢键作用下以缔合体（cluster）形式存在的，而这种缔合体的大小取决于温度。提高料液温度后水的缔合体尺寸变小，使其容易在压力作用下透过膜而引起膜通量的上升；离子也以水合物的形式存在，温度的升高使水合离子的半径减小，增大了离子的透过率，从而引起截留率下降。

（3）截留率。对于每一支膜，都希望其有较高的截留率，这样在整个膜系统中可以提高系统的截留率，降低系统造价。但是过高的截留率会增加膜的浓差极化度，所以需要根据水质，通过试验确定出单支膜的最佳截留率。

纳滤膜对不同溶质的截留率可以根据不同的溶质大小和荷电来解释，对相同溶质的截留率则可以根据不同的膜结构参数来解释。

9.5.4 纳滤技术的应用

纳滤膜的纳米级孔径且带有电荷的特殊过滤性能使其有以下特点：能截留分子量大于 200Da 的有机物以及多价离子，允许小分子有机物和单价离子透过；可在高温、酸、碱等苛刻条件下运行，膜耐受的条件范围宽，浓缩倍数高，耐污染；运行压力低，膜通量高，装置运行费用低，能耗低。根据纳滤膜分离的特点，其应用范围主要适用于下述情况的物质分离：①对单价盐分离的截留率要求不高；②要求进行不同价态离子的分离；③有机物和无机物的分离。

纳滤膜可脱除痕量的除草剂、杀虫剂、重金属、有机物及硬度、硫酸盐及硝酸盐等，水的回收率高；制备软化水、饮用纯净水时，能有效去除水中的色度、硬度、异味、高价离子和痕量有机污染。

法国巴黎的梅里奥塞水厂是世界上第一个大型的纳滤饮用水深度处理厂，该厂的纳滤工艺对 TOC 的平均去除率高达 60%，对农药的去除率大于 90%，出水中残留的绝大多数微污染物质低于检出限。

陈欢林等研究了超滤、纳滤及反渗透膜集成工艺对钱塘江潮汐水源的处理效果，结果表明，长期运行时，系统的出水水质稳定，各项指标均满足国家饮用水卫生标准。

杨忠盛等研究了台湾金门县超滤及纳滤组合系统对水中有机物的去除效果，发现纳滤对 TOC 与消毒副产物的去除率在 90% 以上，出水各项检测指标均符合台湾地区的饮用水标准，且出水口感有明显改善。

吴玉超等通过多级纳滤对原有混凝沉淀工艺出水进行深度处理，处理后三卤甲烷生成势、卤乙酸生成势、有机氯农药、多环芳烃等污染物的去除效果有显著提升，去除率达到 85%、62%、95%、50%，出水中遗传毒性低于检出限；而作为深度处理工艺，纳滤工艺与现有臭氧活性炭工艺相比，在常规指标，有机氯农药、多环芳烃等污染物去除方面，纳滤表现出较好的去除效果，去除率较后者提高 30%~80%，纳滤工艺能显著提升水质。纳滤主要依靠物理截留去除水中相对分子质量较大的有机物，对相对分子质量较小的有机物则存在较大的局限性。

由于纳滤对痕量大分子有机物与重金属的高效去除作用，其在优质饮用水的生产中显示出越来越明显的优势，随着膜组件成本的下降，展示出更广阔的应用前景。

9.6　反　渗　透

9.6.1　反渗透原理

反渗透（reverse osmosis，RO）是一种以压力作为推动力，通过半透膜，将溶液中的溶质和溶剂分离的技术。

用一张半透膜将纯水和某浓溶液分开，如图 9.5（a）所示。该膜只让水分子通过，而不让溶质通过，则水分子将从纯水一侧通过膜向浓溶液一侧透过，结果使溶液一侧的液面上升，直至达到某一高度，此即所谓的渗透过程。

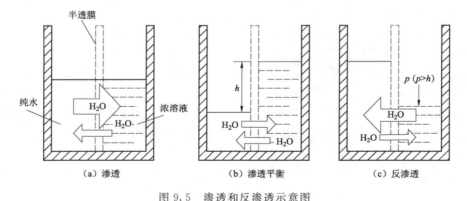

图 9.5　渗透和反渗透示意图

渗透过程是一种自发现象。根据热力学原理有

$$\mu = \mu^0 + RT\ln x \tag{9.1}$$

式中　μ——在指定的温度、压力下溶液的化学位；

　　　μ^0——在指定的温度、压力下纯水的化学位；

　　　x——溶液中水的摩尔分数；

　　　R——气体常数，$8.134J/(mol \cdot K)$；

　　　T——热力学温度，K。

由于 $x<1$，$\ln x<0$，故 $\mu^0>\mu$，即纯水中水的化学位高于溶液中水的化学位，所以水分子通过半透膜从纯水一侧向溶液一侧渗透。水的化学位的高低决定了水分子的传递方向。

当渗透压达到动态平衡时，半透膜两侧存在着一定的水位差，如图9.5（b）所示，此即为在该指定温度和大气压下溶液的渗透压 π，并可由下式进行计算。

$$\pi = \Phi RT \sum c_i \qquad (9.2)$$

式中　π——溶液渗透压，Pa；

　　　c_i——溶液中溶质 i 的摩尔浓度，mol/m^3；

　　　Φ——范特霍夫常数（渗透系数），它表示溶质的缔合程度，对于非缔合式的电解质溶液，Φ 等于离解的阴、阳离子的总数，对于非电解质溶液，$\Phi=1$。

由式（9.2）可知，溶液的渗透压由溶液中溶质的分子数目而定，与溶液的浓度和绝对温度成正比，而与溶液的化学性质无关。

如图9.5（c）所示，当溶液一侧施加的压力 p 大于该溶液的渗透压 π 时，可迫使水分子的渗透反方向进行，实现反渗透。此时，在高于渗透压的压力作用下，溶液中的水分子的化学位升高，并超过纯水中水分子的化学位，水分子从溶液一侧通过半透膜向纯水一侧渗透。

9.6.2　操作特点

实现反渗透过程必须具备两个条件：①必须有一种高选择性和高透水性的半透膜；②操作压力必须高于溶液的渗透压。

在反渗透过程中，膜的高压侧为溶液。由于水不断透过膜，引起膜表面附近的水分子迅速减少，而溶液主体中的水分子来不及向膜表面补充，使得膜表面附近溶液浓度升高，这样，在膜表面到溶液主体之间就产生了一个浓度梯度，这一现象即为反渗透的浓差极化。由于浓差极化，膜表面溶液的渗透压增大，使反渗透过程的有效推动力减小，透过水量下降，并且加快了膜的衰退，使膜的寿命缩短。当膜表面溶液浓度达到某一数值后，不仅引起严重的浓差极化，还可能在膜表面析出一种或几种盐分，形成垢层，以致影响正常操作。

9.6.3　反渗透膜的性能

反渗透的透过机理目前尚未有一致的解释，较为盛行的有氢键理论、溶解-

扩散理论和优先吸附-毛细管流理论，其中优先吸附-毛细管流理论常被引用。其理论模型如图 9.6 所示。该理论以吉布斯吸附式为依据，认为膜表面由于亲水性原因能选择吸附水分子而排斥盐分，因而在固-液界面上形成厚度 X 为两个水分子（1nm）的纯水层。在施加压力的作用下，纯水层中的水分子便不断通过毛细管流过反渗透膜。膜表皮层具有大小不同的极细孔隙，当其中的孔隙为纯水层厚度 X 的一倍（2nm）时，称为膜的临界孔径时，可达到理想的脱盐效果。当孔隙大于临界孔径 $2X$ 时，透水性增大，但盐分容易从孔隙中透过，导致脱盐率下降；反之，若孔隙小于临界孔径 $2X$，脱盐率增大，但透水性下降，膜的水通量减小。

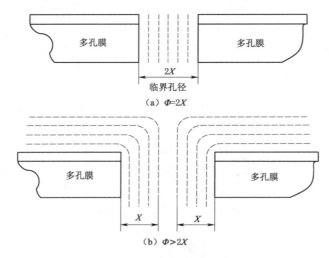

图 9.6 优先吸附—毛细管流理论模型示意图

由此理论推出，反渗透膜必须有亲水性，膜中必须有尽可能多的大小适当的孔隙，这为反渗透膜的制备提供了理论基础。

反渗透膜是一类具有不带电荷的亲水性基团的膜，按照膜的形状可分为平板膜、管状膜、中空纤维膜；按照膜的结构可分为多孔性和致密性膜，或对称性（均匀性）和不对称性（各向异性）结构膜；按照应用对象可分为海水淡化用的海水膜、咸水淡化用的咸水膜等。

进行反渗透分离过程的主要关键之一是要求反渗透膜具有较高的透水率和脱盐率。一般说来，反渗透膜应具备以下各种性能：选择性好，单位膜面积上透水量大，脱盐率高；机械强度好，能抗压、抗拉、耐磨；热和化学稳定性好，能耐酸、碱腐蚀和微生物降解，耐水解、辐射和氧化；结构均匀一致，尽可能薄，使用寿命长，制膜原料充沛，价格便宜，制膜方法简单。

目前常用的反渗透膜主要有醋酸纤维素（CA）膜和芳香族聚酰胺膜两大类。

1. CA 膜

CA 膜是没有强烈氢键的无定形链状高分子化合物，将其溶解在丙酮中，并加入甲酰胺（$HCONH_2$）或高氯酸镁 $[Mg(ClO_4)_2]$，经混合调制、过滤、铸造成型，然后经过蒸发、冷水浸渍、热处理，即可得到醋酸纤维素膜。CA 膜具有不对称结构。其表皮层结构致密，孔径为 0.8～1.0nm，厚度约为 0.25μm，在反渗透过程中起到关键作用，必须与溶液侧接触，切不可倒置。表皮层下面是结构疏松、孔径为 100～400nm 的多孔支撑层。在其间还夹有一层孔径约为 20nm 的过渡层。总厚度为 100～250μm。

CA 膜是被水充分溶胀了的凝胶体。由于铸膜液中的所有添加剂及溶剂在制膜过程中先后被去除，膜中仅含水分而已，因此在相对湿度为 100％时，膜的含水率高达 60％左右，其中表皮层中只含 10％～20％，且主要是以氢键形式结合的所谓一级结合水和少量的二级结合水。多孔层中除上述两种结合水外，较大的孔隙中还充满着毛细管水，富含水分。正由于膜中存在着这几种不同性质的水，决定了 CA 膜具有良好的脱盐性能和适宜的透水性能，同时也说明了膜必须保存在水中的原因。

影响 CA 膜工作性能的因素有温度、pH 值、工作压力、进液流速和工作时间等。如进水温度增高会使透水率增加。在 15～30℃的工作温度范围内，水温每升高 1℃，透水量约增加 3.5％。但是，温度越高，CA 膜的水解速度就越快。CA 膜的水解速度还与 pH 值有关。在 pH 值为 3.5～4.5 时水解速度最慢。所以，供水温度一般为 20～30℃，pH 值为 3～7，且在酸性条件下工作为宜。

同时，CA 膜可以作为微生物的营养基质，因而某些微生物能在膜体上生长，破坏膜的致密层，使膜性能变差。因此，必须对原液水进行灭菌预处理。在膜的储存中，也应采取措施防止微生物污染，以延长膜的使用寿命。

2. 芳香族聚酰胺膜

芳香族聚酰胺膜的主要材料为芳香聚酰胺，以二甲基乙酰胺为溶剂，以硝酸锂或氯化锂为添加剂制成，是一种非对称膜。这类膜具有良好的透水性能和较高的脱盐率，工作压力低，机械强度好，化学稳定性好，耐压实，对 pH 值的适用范围广，可达 2～11，寿命较长，但对水中的游离氯很敏感。

聚苯并咪唑膜（PBI）的特点是在高温时透水性能好。在 21～90℃范围内，膜的透水量随温度的上升而提高；但当温度升高到 90℃以上时，膜的透水量将降到 0。

9.6.4　反渗透膜性能指标

RO 膜的性能指标通常有三个：脱盐率、产水量、回收率。

1. RO 膜的脱盐率和透盐率

RO 膜元件的脱盐率在其制造成形时就已确定，脱盐率的高低取决于反渗透 RO 膜元件表面超薄脱盐层的致密度，脱盐层越致密脱盐率越高，同时产水量越低。反渗透膜对不同物质的脱盐率主要由物质的结构和分子量决定，对高价离子及复杂单价离子的脱盐率可以超过 99%，对单价离子（如钠离子、钾离子、氯离子）的脱盐率稍低，但也可超过了 98%（RO 膜使用时间越长，化学清洗次数越多，RO 膜脱盐率越低），对分子量大于 100 的有机物脱除率也可达到 98%，但对分子量小于 100 的有机物脱除率较低。

RO 膜的脱盐率和透盐率计算方法如下：

$$\text{RO 膜的盐透过率} = \text{RO 膜产水浓度}/\text{进水浓度} \times 100\% \quad (9.3)$$
$$\text{RO 膜的脱盐率} = (1 - \text{RO 膜的产水含盐量}/\text{进水含盐量}) \times 100\% \quad (9.4)$$
$$\text{RO 膜的透盐率} = 100\% - \text{脱盐率} \quad (9.5)$$

2. RO 膜的产水量和渗透流率

RO 膜的产水量指反渗透系统的产水能力，即单位时间内透过 RO 膜的水量，通常用 t/h 或加仑/天来表示。

RO 膜的渗透流率也是表示 RO 膜元件产水量的重要指标，指单位时间单位膜面积上透过液的量，通常用 L 水/(m² • d) 表示。过高的渗透流率将导致垂直于 RO 膜表面的水流速加快，加剧膜污染。

3. RO 膜的回收率

RO 膜的回收率指 RO 膜系统中给水转化成为产水或透过液的百分比，依据 RO 膜系统中预处理的进水水质及用水要求而定的。RO 膜系统的回收率在设计时就已经确定。

$$\text{RO 膜的回收率} = \text{RO 膜的产水流量}/\text{进水流量} \times 100\% \quad (9.6)$$

RO 膜组件的回收率、透盐率计算公式如下：

$$\text{反渗透膜组件的回收率} = \text{RO 膜组件产水量}/\text{进水量} \times 100\% \quad (9.7)$$
$$\text{RO 膜组件的透盐率} = \text{RO 膜组件产水浓度}/\text{进水浓度} \times 100\% \quad (9.8)$$

9.6.5　反渗透工艺流程

反渗透流程包括预处理和膜分离两部分。预处理过程有物理过程（如沉淀、过滤、吸附、热处理等）、化学过程（如氧化、还原、pH 值调节等）和光化学过程。究竟选用哪一种过程进行预处理，不仅取决于原水的物理、化学和生物特性，而且还要根据膜和装置结构来做出判断。即使经过上述预处理后，在进行反渗透前，仍然要对废水中 SS 和钙、镁、锶等阳离子进一步预处理，以保护反渗透膜。工艺如图 9.7 所示。

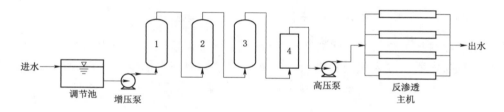

图 9.7 预处理-反渗透工艺示意图

1—石英砂过滤器；2—活性炭吸附柱；3—阳离子交换柱；4—精密过滤器/微滤机

反渗透作为一种分离、浓缩和提纯过程，常见流程有一级、一级多段、多级、循环等几种形式，如图 9.8 所示。

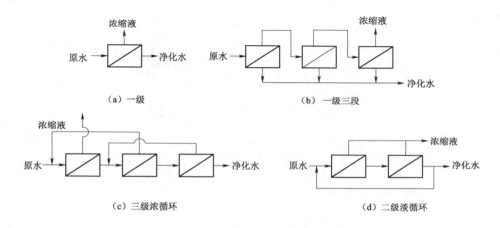

（a）一级　　　　　　　　　　（b）一级三段

（c）三级浓循环　　　　　　　（d）二级淡循环

图 9.8 反渗透工艺流程

一级处理流程即一次通过反渗透装置。该流程最为简单，能耗最少，但分离效率不很高。当一级处理达不到净化要求时，可采用一级多段或二级处理流程。在多段流程中，将第一段的浓缩液作为第二段的进水，将第二段的浓缩液又作为第三段的进水，依次类推。随着段数增加，浓缩液体积减小，浓度提高，水的回收率上升。在多级流程中，将第一级的净化水作为第二级的进水，依次类推，各级浓缩液可以单独排出，也可以循环至前面各级作为进水。随着级数增加，净化水水质将提高。但由于每级 RO 处理水力损失都较大，所以实际应用中，在级或段间常设增压泵。

反渗透的费用由三部分组成：基建投资的折旧费，膜的更新费，动力、人工、预处理等运行费。这三项费用大致各占总成本的三分之一。一般认为，延长膜的使用时间和提高膜的透水量是降低处理成本最有希望的两个途径。

143

9.6.6 反渗透在给水处理中的应用

反渗透技术能从水中除去90％以上的溶解性盐类和95％以上的胶体微生物及有机物，明显改善饮用水水质。反渗透技术目前在我国供水行业中的应用主要集中在海水淡化、苦咸水淡化、应急保障供水3个方面。

1. 海水淡化

在市政供水应用上，主要集中在淡水资源严重短缺的沿海地区和海岛，如福建、海南、河北及山东等。

三沙市某自来水厂采用"超滤＋两级反渗透"处理工艺对海水进行净化，设计规模为1000m³/d，工艺流程如图9.9所示。该工艺将海水处理至氯化物含量低于250mg/L，硫酸盐含量低于250mg/L，总硬度小于450mg/L，满足《生活饮用水卫生标准》（GB 5749—2006）的要求。

图9.9 三沙市某自来水厂工艺流程图（海水为水源）

山东小钦岛某海水淡化工程利用"砂滤＋反渗透"处理工艺对海水净化，用于岛上居民的生活饮用水，工程规模为100m³/d，工艺流程如图9.10所示。

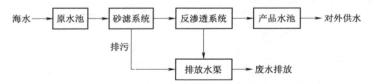

图9.10 山东小钦岛某海水淡化工艺流程图（海水为水源）

海水经该工艺处理后，出水水质为：氯化物含量为51.78mg/L，硫化物含量低于0.5mg/L，Ca^{2+}浓度低于2.0mg/L，Mg^{2+}浓度低于2.0mg/L，电导率为183.3μS/cm，溶解性总固体含量为90mg/L。出水水质满足《生活饮用水卫生标准》（GB 5749—2006）的要求。

2. 苦咸水淡化

通常将矿化度含量大于1000mg/L、氟化物含量大于1.0mg/L、无法直接利用或利用范围不大的劣质水资源称为苦咸水。我国地下苦咸水资源总量约为200亿 m³，主要分布在西北地区和东部沿海地区。

某自来水厂采用"超滤＋反渗透"工艺处理深井地下苦咸水，用于居民生活饮用，工程规模达30000m³/d。经一级RO，可以达到75％的产水率，淡水生产能力为 1800m³/d，出水水质为：氟化物含量低于 1mg/L，硫酸盐含量低于 250mg/L，总硬度小于 450mg/L，锰含量低于 0.1mg/L，铁含量低于 0.3mg/L。出水水质满足《生活饮用水卫生标准》（GB 5749—2006）的要求。

3. 应急保障供水

在水源受到有机或重金属突发性污染时，反渗透技术在应急保障供水方面非常适合用于设计生产应急供水设备，其机动性强、效率高。

某公司研发的应急净水车产水规模为 5m³/h，采用模块化组合，设计集成了一款针对不同复杂水源（高浊度、微污染水、苦咸水、低温低浊水、高藻水等原水）的应急净水车。其中，反渗透级别为一级反渗透，脱盐率大于 99%，回收率为 45%~75%，设计通量为 18.38L/(m²·h)。根据现场运行数据，该应急净水车的产水水质达到《生活饮用水卫生标准》（GB 5749—2006）的要求，可供直接饮用。

某公司的反渗透移动应急供水车设计产水量为 300m³/d，玉树地震救援期间以三江源水为进水，出水电导率低于 7μS/cm，出水水质达到《生活饮用水卫生标准》（GB 5749—2006）的要求。

反渗透在去除水体中有害离子的同时，截留水中的其他离子。纯净水是否能被长期饮用一直存在争议。但多数研究者认为，选择性地保留一部分离子是非常必要的。因此，研究组合工艺实现部分离子的保留是健康饮水的研究方法之一。

9.7 电 渗 析

将电化学和膜过程结合起来的除盐工艺有电渗析和电除盐。

电除盐系统又被称为 EDI（electro - de - ionization）系统，利用混合离子交换树脂吸附给水中的阴阳离子，同时这些被吸附的离子又在直流电压的作用下，分别透过阴阳离子交换膜而被除去。这一过程中离子交换树脂是在电场中连续再生的，因此不需要用酸和碱再生。这一新技术可以代替传统的离子交换装置，生产出电阻率高达 18MΩ·cm 的超纯水。其在水处理中的应用与离子交换法类似，可以参见第 8 章。本节主要讨论电渗析工艺。

9.7.1 电渗析原理与过程

电渗析过程是电化学过程和渗析扩散过程的结合。电渗析（electro - dialy-sis，ED）是指在外加直流电场的驱动下，利用离子交换膜的选择透过性（即阳离子可以透过阳离子交换膜，阴离子可以透过阴离子交换膜），阴、阳离子分别向阳极和阴极移动的一种膜分离过程。在离子迁移过程中，若膜的固定电荷与离子的电荷相反，则离子可以通过；如果它们的电荷相同，则离子被排斥。结果使一些小室的离子浓度降低而成为淡水室，与淡水室相邻的小室则因富集了大量离子而成为浓水室。从淡水室和浓水室分别得到淡水和浓水，原水中的离子得到了分离和浓缩，从而制备出脱盐水。其原理如图 9.11 所示。

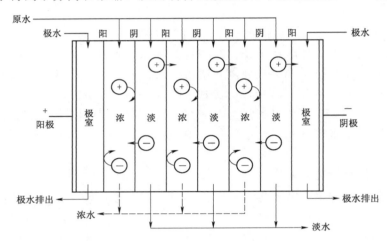

图 9.11　电渗析分离原理

在电渗析过程中，除了上述例子的定向迁移和电极反应两个主要过程以外，同时还发生一系列次要过程，如反离子的迁移、电解质浓差扩散、水的渗透、水的电渗透、水的压渗、水的电离等不利过程。例如，反离子迁移和电解质浓差扩散将降低除盐效果；水的渗透、电渗和压渗会降低淡水产量和浓缩效果；水的电离会增加耗电量、浓水室结垢等。因此，在电渗析器的设计和操作中，必须设法消除或改善这些次要过程的不利影响。

9.7.2　电渗析的操作控制

电渗析操作控制中，最重要的是控制电耗和工作电流密度。

1. 能耗分析（电流效率）

电渗析过程中主要消耗电能。因此，耗电量的大小不但直接影响处理成本，也在一定程度上反映操作技术水平。

单位体积成品水的能耗按下式计算：

$$W = \frac{VI \times 10^{-3}}{Q_d} \tag{9.9}$$

式中　W——电能消耗量，$kW \cdot h/m^3$；

　　　V——工作电压，V；

　　　I——工作电流，A；

Q_d——淡水产量，m^3/h。

由此可知，电渗析需要的电压越高，电耗就越大。降低电渗析能耗，提高电能效率，必须从电压和电流两方面考虑。

电渗析的工作电压 V 可分解为下式中的几个部分：

$$V=E_d+E_m+IR_j+IR_m+IR_s \tag{9.10}$$

式中　E_d——电极反应所需的电势，V；

　　　E_m——克服膜电位所需的电压，V；

　　　R_j——接触电阻，Ω；

　　　R_m——膜电阻，Ω；

　　　R_s——溶液电阻，包括浓水、淡水和极水电阻，Ω。

在上述几部分电压消耗中，电极反应消耗电压有限而且是不可避免的；膜电位消耗电压数量也不大，而且不宜降低。只有克服电阻消耗电压最大，占总压降的 $60\%\sim70\%$，而且大部分消耗在淡水的滞流层。因此，设法降低滞流层电阻对降低电能消耗将起很大作用。

电渗析的电流效率一般随水净化程度的提高而降低。净水程度越高，淡水和浓水的浓差越大，浓差扩散增大，离子返回到淡水层的速率增加，被浪费的电能增多，导致电流效率降低。

生产上经常用电能效率作为耗电量的指标。电能效率是理论电能消耗量与实际电能消耗量的比值。目前，电渗析用于水处理的电能效率一般在 10% 以下。

2. 电流密度控制

电流密度即每单位面积膜通过的电流。

在电渗析操作中，如果采用的电流密度过大，会产生浓差极化现象，如图 9.12 所示。

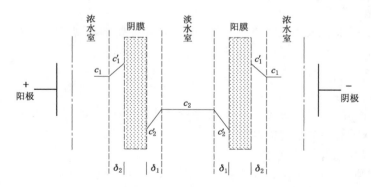

图 9.12　电渗析过程的浓差极化现象

电渗析中，电流的传导是靠阴、阳离子的定向迁移来完成的。由于离子在膜中的迁移数大于在溶液中的迁移数,使得在膜两侧都形成扩散边界层。淡水和浓水侧扩散边界层厚度分别为 δ_1 和 δ_2。在膜的淡水侧,溶液主体的离子浓度 c_2 大于相界面处的离子浓度 c_2';而在膜的浓水侧,相界面处的离子浓度 c_1' 大于溶液主体离子浓度 c_1。这样,在膜两侧都产生了浓度差值。显然,通入的电流强度越大,离子迁移的速度越快,浓度差值也越大。如果电流提高到相当大的程度,就会出现 c_2' 趋于 0 的情况。此时,在淡水侧的边界层中,就会发生水分子的电离,产生 H^+ 和 OH^-,参与传导电流,以弥补离子不足。这种情况称为浓差极化现象,此时的电流密度称为极限电流密度。

浓差极化现象发生后,在阴膜浓水一侧,由于 OH^- 富集,浓水的 pH 值增高,与浓水中的金属离子生成沉淀,造成膜面附近结垢;同样,在阳膜的浓水一侧,由于膜表面处的离子浓度 c_1' 比 c_1 大得多,也容易造成膜面附近结垢。结垢必然导致膜电阻增大,电流效率降低,膜的有效面积减小,寿命缩短,影响电渗析过程的正常进行。防止浓差极化最有效的方法是控制电渗析器在极限电流密度以下运行。另外,定期倒换电极和酸洗可将膜上积聚垢层溶解下来。

电渗析所消耗的电能,实际有一部分用于补偿扩散造成的损失。假如实际工作电流密度小到仅能补偿这种损失,电渗析过程就停止了。这个电流密度就是最小电流密度,其值随浓、淡水的浓差增大而增大。电渗析的工作电流密度只能在极限电流密度和最小电流密度之间选择,取电流效率最高的电流密度作为工作电流密度,一般为极限电流密度的 70%～90%。

　　3. 流速与压力确定

电渗析器都有自身的额定流量。流量过大,进水压力过高,设备容易产生漏水和变形;流量过小,达不到正常流速,水流不均匀,容易极化结垢。两种情况都会影响电渗析器的正常运行。目前,一般水流流速控制在 5～25cm/s,进水压力一般不超过 0.3MPa。

此外,原水进入电渗析器之前,需要进行必要的预处理。一般进行过滤,以去除水中的悬浮物,保证电渗析水处理过程能稳定运行。

9.7.3　电渗析膜

电渗析分离过程的关键之一就是选择离子交换膜。离子交换膜是一种具有离子交换基团的高分子薄膜。

　　1. 离子交换膜的分类

离子交换膜品种繁多,通常按其结构、活性基团和成膜材料来分类。

　　(1) 按膜体结构分类。

　　1) 异相膜,由粉末状的离子交换树脂和黏合剂混合制成。树脂分散在黏合剂中,因而其化学结构不均匀。由于黏合剂是绝缘材料,它的膜电阻要大一些,选择透过性也差一些。这类膜的优点在于制造容易，机械强度较高，价格较便宜；缺点是选择性较差，膜电阻较大，在使用中也容易受污染。

2）均相膜，由具有离子交换基团的高分子材料直接制成，或者在高分子膜基上直接接上活性基团而制成。这类膜中活性基团与膜材料发生化学结合，组成完全均匀，孔隙小，膜电阻小，不易渗漏，具有优良的电化学性能和物理性能，是近年来离子交换膜的主要发展方向。

3）半均相膜。这类膜的成膜材料与活性基团混合得十分均匀，但两者不形成化学结合。其性能介于均相膜和异相膜之间。

（2）按膜中所含活性基团分类。

1）阳离子交换膜（简称阳膜），与阳离子交换树脂一样，带有酸性活性基团，能选择性透过阳离子而阻止阴离子透过。按交换基团离解度的强弱，阳膜分为强酸性阳膜（如磺酸型离子交换膜）、中酸性阳膜（如磷酸基型离子交换膜）和弱酸性阳膜（如羧酸型和酚型离子交换膜）。

2）阴离子交换膜（简称阴膜），膜体中含有带正电荷的碱性活性基团，选择性透过阴离子而阻止阳离子透过。按交换基团离解度的强弱，阴膜分为强碱性阴膜（如季铵型离子交换膜）和弱碱性阴膜（如伯胺型、仲胺型、叔胺型等离子交换膜）。

3）特殊离子交换膜。这类膜包括两极膜、两性膜、表面涂层膜等具有特种性能的离子交换膜。

两极膜由阳膜和阴膜粘贴在一起复合而成。电渗析时，阴膜面对阴极，阳膜面对阳极，相对离子不能通过，而发生水分子的电离，由 H^+、OH^- 输送电荷。利用这一特性，可以进行盐的水解反应。

两性膜的膜中间同时存在阴、阳离子活性基团，而且均匀分布。这种膜对某些离子具有很高的选择性，可以用作分离膜。

表面涂层膜是在阳膜或阴膜表面上再涂一层阳或阴离子交换膜。如在苯乙烯磺酸型阳离子交换膜的表面上再涂上一层酚醛磺酸树脂膜，得到的膜对一价阳离子有较好的选择性，而阻止二价阳离子透过。

2. 离子交换膜的性能

离子交换膜是电渗析器的关键部件，其性能是否符合使用要求至关重要。各种电渗析膜必须符合以下性能要求。

（1）具有较高的选择透过性。一般阴、阳膜的选择透过率应在 90% 以上才能使电渗析除盐时具有较高的电流效率。

（2）具有一定的交换容量。膜的交换容量是一定量的膜中所含活性基团数，通常以单位干重膜所含的可交换离子的摩尔数来表示。膜的选择透过性和电阻都受交换容量的影响。一般阴膜的交换容量不小于 1.8mol/kg（干膜），阳膜的交换容量不小于 2.0mol/kg（干膜）。

（3）导电性能好。完全干燥的膜几乎是不导电的，含水的膜才能导电。这说明膜依靠（或主要依靠）含在其中的电解质溶液而导电。一般要求电渗析膜的导电能力大于溶液的导电能力。

（4）膜的溶胀或收缩变化小，含水率适量。离子交换膜的含水量一般为30%～50%。

（5）膜的化学性能稳定。要求膜不易氧化，抗污染能力强，耐酸碱。

（6）膜的机械强度高。在电渗析过程中，膜两侧所受的流体压力不可能相等，故膜必须有足够的机械强度，以免因膜的破裂而使浓室和淡室连通。

上述要求有一些是相互制约的。例如，膜选择透过性高，必须具有较多的活性基团，交换容量高。但活性基团多了，亲水性增加，膜就容易膨胀，机械强度也会减弱。

9.8　渗　　透

渗透（osmosis）是指水在渗透压的作用下通过半透膜从高水化学势区域（或较低渗透压）自发地向低水化学势区域（或较高渗透压）传递的过程。与压力驱动的膜分离水处理技术（比如超滤、纳滤、反渗透等）相比，渗透具有低压、低能耗和较低的膜污染等优点。

渗透是一种常见的物理现象，是指水通过半透膜从高水化学势区域（或较低渗透压）自发地向低水化学势区域（或较高渗透压）传递的过程。膜分离技术近年来发展迅猛，在净水处理、污水处理与回用以及工业水处理领域应用广泛。其中反渗透膜的膜孔径小，能够有效地去除水中的溶解盐类、胶体、微生物、有机物等，具有水质好、无污染、工艺简单等优点。然而 RO 存在能耗较高、水回收率低、浓水排放、浓差极化和膜污染严重等问题，限制了该技术的广泛应用。

9.8.1　渗透基本原理

将水和盐水两种不同渗透压的溶液分别放置在被半透膜隔开的容器两侧，如图 9.5 所示，在没有外界压力时，水会通过半透膜自发地从纯水侧扩散至盐水侧，使盐水侧液位升高，直到膜两侧的液位压力差与膜两侧的渗透压差相等时停止，这就是渗透过程；当外加压力大于渗透压差时，水会从盐水一侧扩散至纯水一侧，这个过程称为反渗透；对盐水侧溶液施加一个外加压力，当外加压力小于渗透压差时，水仍然会从纯水一侧扩散至盐水溶液一侧，这个过程称为减压渗透 PRO。PRO 过程可以将渗透压转化成能源，是渗透过程的一种实际应用形式。

9.8.2 渗透膜

渗透过程中要求的能承受高压的商业薄膜复合膜、疏水的醋酸纤维素/三醋酸纤维素（CA/CTA）膜、具有低接触角的 TFC-聚酰胺（PA）膜陆续被研制出来。新制备方法的进步使膜材料超越传统的 CTA 和 TFC-PA/聚砜膜范围。聚苯并咪唑能够自我充电，具有高抗盐性、高表面疏水性和低膜污染趋势；聚酰胺-酰亚胺能够将阳离子和阴离子通过膜排放到盐中；亲水性聚多巴胺能增加抗膜污染性能。

9.8.3 渗透技术在水处理中的应用

单独渗透工艺应用于水处理时需要相应的汲取溶液分离或再生装置。由于这一过程不需要外加能源，得到的水没有生物和外在有机物的污染，近年来广泛用于野外救生和军事应用。

渗透是一项在其他领域证明了的、具有应用前景的技术，相对于压力驱动的反渗透，具有低压操作、低能耗和低膜污染的显著优势，尤其是与 MBR、反渗透技术进行组合，在水处理领域表现出潜在应用前景。随着对环境友好、可持续水处理技术的不断探索，渗透水处理技术将会得到极大推广。

9.9 膜分离技术在给水处理中的应用案例

9.9.1 自来水厂的应用

1. 新加坡 Chestnut 饮用水厂

Chestnut 饮用水厂供水量为 273 万 m^3/d。该厂采用的处理工艺简单，流程如图 9.13 所示。

图 9.13　Chestnut 饮用水厂工艺流程图

水库水利用重力作用经管道自流通过 1mm 的细格栅之后，在管道中投加铝盐实行强化混凝，同时投加石灰调控 pH 值。水再因重力流进膜池过滤。采用的膜为浸没式中空纤维超滤膜，膜处理后经过液氯消毒供居民饮用。

根据水质检验结果，原水浊度为 5.4NTU，色度为 22 度，膜过滤后出水浊度小于 0.3NTU，色度小于 5 度。与传统工艺相比，"强化絮凝＋超滤"工艺去除色度和总有机物效率高，所用絮凝剂少，水处理费用显著降低。

2. 加拿大 Collingwood 饮用水厂

Collingwood 饮用水厂处理水量为 2.8 万 m³/d，于 1998 年 11 月建成投产，由 5 组独立运行的膜池组成。每个膜池产水量为 5600m³/d，每个膜池配套一台透过液泵和鼓风机。该水厂的处理工艺如图 9.14 所示。

图 9.14　Collingwood 饮用水厂工艺流程

由于原水（湖水）水质比较好，该净水工艺更为简单，超滤前不需投加絮凝剂强化絮凝。原水经过格栅后，加氯抑制微生物生长，然后直接进入浸没式膜池进行过滤。超滤膜孔径为 0.035μm，能有效去除水中的悬浮颗粒、细菌和病毒。膜处理后水经过液氯消毒供市民饮用。

根据水质检验结果，处理后水质浊度由原水的 1.4NTU 降为 0.05BTU 以下，对病毒、细菌的去除率达到 99.9% 以上。

3. 慈溪市膜法自来水厂

慈溪市膜法自来水厂采用超滤（UF）和反渗透（RO）两级膜过滤，其中超滤系统总产水量为 3 万 m³/d，反渗透系统总产水量为 2 万 m³/d。该水厂的处理工艺如图 9.15 所示。

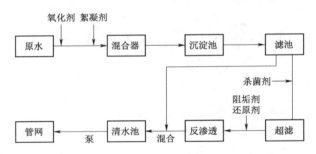

图 9.15　慈溪市膜法自来水厂工艺流程图

该厂以微污染海涂水库为原水，以超滤和反渗透为核心工艺，辅以沉淀、过滤等前处理工艺制水。原水经过常规处理后投加杀菌剂消毒，然后进入超滤系统，经超滤的水进入反渗透脱盐系统。反渗透出水与部分未脱盐水混合，产品水经消毒后供水。实际生产运行表明，用"UF+RO"工艺作为含盐较高的微污染海涂水库水的深度处理技术是可行的，能得到更为安全、卫生的饮用水。

4. 某新城区优质供水工程

该工程生产能力为 5000m³/d，于 2006 年 6 月顺利投产运行，采用"活性炭＋浸没式超滤"的净水处理工艺，净水工艺流程如图 9.16 所示。

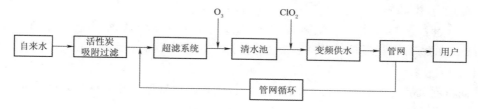

图 9.16 某新城区优质供水工程流程图

自来水经过活性炭吸附过滤，去除水中有机物和可能存在的异味；通过超滤，去除水中的微生物，浊度稳定在 0.1NTU 以下；采用臭氧和二氧化氯联合消毒，出厂水和回水细菌总数均小于 10CFU/mL。实行变频恒压供水，系统运行稳定，主管网定时循环回水，有效保证管网水质新鲜卫生安全。出水水质符合《生活饮用水卫生标准》（GB 5749—2006）的要求，优于《饮用净水水质标准》（CJ 94—2005）的规定，可直接饮用。

5. 南通狼山水厂

南通狼山水厂始建于 20 世纪 80 年代，原水为长江水，长江原水水质总体良好，基本达到《地表水环境质量标准》（GB 3838—2002）Ⅱ类水要求。旧系统采用常规处理工艺：斜管和平流沉淀池、移动冲洗罩滤池、清水池、送水泵房。老系统规模为 $30 \times 10^4 m^3/d$（一期工程规模为 $15 \times 10^4 m^3/d$；二期工程规模为 $15 \times 10^4 m^3/d$）。2007 年扩建 $30 \times 10^4 m^3/d$ 的新系统，采用平流沉淀池、V 型滤池，供水总规模达到 $60 \times 10^4 m^3/d$。

为进一步提高饮用水水质，实现从"合格水"向"优质水"的转变，南通狼山水厂升级改造，采用了臭氧活性炭及超滤膜技术组合工艺（图 9.17），改善了传统"混凝＋沉淀＋砂滤"工艺出水有机物、浊度、微生物的问题。

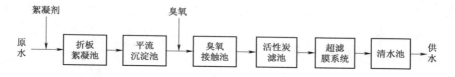

图 9.17 南通狼山水厂升级改造工艺流程

目前过滤周期为 180min，维护性清洗周期为 30d。超滤膜系统产水浊度稳定小于 0.1NTU，跨膜压差不到 1m。经历长时间梅雨季节高浊度阶段时，超滤膜出水仍不受前端来水浊度影响，保持在 0.1NTU 以下，符合《生活饮用水卫生标准》（GB 5749—2006）和《城市供水水质标准》（CJ/T 206—2005）以及江苏省地方标准《江苏省城市自来水厂关键水质指标控制标准》（DB32/T 3701—2019）。

6. 青浦第三水厂

黄浦江上游原水耗氧量多在 5～7mg/L，常规处理出厂水中耗氧量常高于 3mg/L 的标准，耗氧量、氨氮、铁锰等指标的达标率偏低。青浦第三水厂一期规模为 $10×10^4 m^3/d$，水源为太浦河，属典型的黄浦江上游原水；采用预臭氧＋中置式高密度沉淀池＋上升流臭氧活性炭＋浸没式超滤膜组合工艺，如图 9.18 所示。

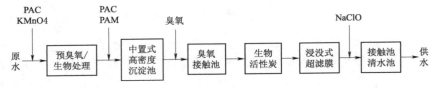

图 9.18　青浦第三水厂一期工程工艺流程

经运行，本组合工艺对浊度、有机物和氨氮的去除效果理想，沉淀后出水浊度维持在 0.6NTU 以内，超滤膜后出水浊度在 0.02NTU 左右，出厂水浊度小于 0.1NTU，耗氧量小于 1.5mg/L，氨氮小于 0.2mg/L，并有效控制"两虫"，达到《生活饮用水卫生标准》（GB 5749—2006）的要求。生产废水总量仅占总产水量的 3%～5%，低碳环保。

9.9.2　公共直饮水工程

公共直饮水工程工艺流程如图 9.19 所示。

图 9.19　公共直饮水工程工艺流程图

自来水经微滤和活性炭过滤能有效去除水中的铁锈、胶体微粒、余氯等，再通过反渗透过滤，去除水中的细菌、病毒等有害物质。出水水质稳定，水质优于《饮用净水水质标准》（CJ 94—2005）的规定，也符合《生活饮用水卫生标准》（GB 5749—2006）的要求。

9.9.3　管道直饮水工程

管道直饮水工程净水工艺流程如图 9.20 所示。

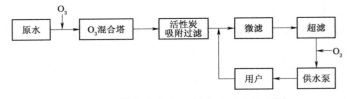

图 9.20　管道直饮水工程净水工艺流程图

该小区管道直饮水工程通过炭滤和超滤有效地去除了水中的有效物质，同时保留了人体所需的有益元素。水质优于《饮用净水水质标准》（CJ 94—2005）的规定，也符合《生活饮用水卫生标准》（GB 5749—2006）的要求。

参 考 文 献

［1］　任建新. 膜分离技术及其应用［M］. 北京：化学工业出版社，2003.

［2］　赵文蓓，赵文蕾. 膜分离技术在水处理中的应用与发展［J］. 黑龙江水利科技，2002（4）：136－138.

［3］　胡士英，赵得地，董晓微. 膜技术在水处理中的应用［J］. 新技术新工艺，1995（5）：32－33.

［4］　P. 希利斯. 膜技术在水和废水处理中的应用［M］. 刘广立，赵广英，译. 北京：化学工业出版社，2003.

［5］　许振良. 膜法水处理技术［M］. 北京：化学工业出版社，2001.

［6］　刘茉娥. 膜分离技术应用手册［M］. 北京：化学工业出版社，2001.

［7］　邵刚. 膜法水处理技术及工程实例［M］. 北京：化学工业出版社，2002.

［8］　续曙光，李锁定，刘忠洲. 我国膜分离技术研究、生产现状及在水处理中的应用［J］. 环境科学进展，1997，5（6）：72－76.

［9］　汪洪生，陆雍森. 国外膜技术进展及其在水处理中的应用［J］. 膜科学与技术，1999，19（4）：17－22.

［10］　BERGMAN R A. Membrane softening versus lime softening in Florida［J］. Desalination，1995，102：11－24.

［11］　BETRAND S，LEMAITRE I，WITTMANN E. Performance of a nanofiltration plant on hard and highly sulphated water during two years of operation［J］. Desalination，1997，113：227－281.

［12］　董秉直，曹达文，范瑾初. 膜技术应用于净水处理的研究和现状［J］. 给水排水，1999，25（1）：28－32.

［13］　Z. 阿默加德. 反渗透—膜技术水化学和工业应用［M］. 殷琦，华耀祖，译. 北京：化学工业出版社，1999.

［14］　艾翠玲，贺延龄，周孝德. 膜技术在废水处理中的应用［J］. 苏州城建环保学院学报，2001，14（4）：43－47.

［15］　孙卫明，侯惠奇. 膜技术在水处理中的应用：上［J］. 上海化工，1999，24（13）：7－8.

［16］　孙卫明，侯惠奇. 膜技术在水处理中的应用：下［J］. 上海化工，1999，24（14）：6－8.

［17］　高以煊，叶凌碧. 膜分离技术基础［M］. 北京：科学出版社，1989.

［18］　罗川南，杨勇. 高分子分离膜材料亲水改性及对膜性能的影响［J］. 合成技术及应用，2002，17（2）：23－26.

［19］　NEUMAN P，ROHLIG R，KOHSTO B A，et al. Matellic membranes［J］. Filtration Sep，1998，35（1）：40－42.

[20]　GENNE I, DOYEN W, ADRIANSENS W, et al. Organomineral ultrafiltration membranes [J]. Filtration and Seperation, 1997, 34 (9): 964-966.

[21]　张守海, 蹇锡高, 杨大令. 新型耐高温分离膜用高分子材料 [J]. 现代化工, 2002, 22 (增刊): 203-205.

[22]　徐南平, 邢卫红, 王沛. 无机膜在工业废水处理中的应用与展望 [J]. 膜科学与技术, 2000, 20 (3): 23-28.

[23]　陆晓峰, 卞晓锴. 超滤膜的改性研究及应用 [J]. 膜科学与技术, 2003, 23 (4): 97-102, 115.

[24]　李娜, 刘忠洲, 续曙光. 再生纤维素分离膜制备方法研究进展 [J]. 膜科学与技术, 2001, 21 (6): 27-33.

[25]　杜润红, 赵家森. 一种新的膜材料: 聚苯硫醚 [J]. 膜科学与技术, 2002, 22 (3): 56-59.

[26]　王庐岩, 钱英, 刘淑秀, 等. 聚偏氟乙烯分离膜改性研究进展 [J]. 膜科学与技术, 2002, 22 (5): 52-57.

[27]　张丹霞, 王保国, 陈翠仙. 等离子体技术在膜分离领域的应用 [J]. 膜科学与技术, 2002, 22 (4): 65-70.

[28]　邢丹敏, 武冠英, 胡家俊. 改性聚氯乙烯超滤膜材料的研究 (Ⅰ): 等离子体改性膜结构和性能的研究 [J]. 膜科学与技术, 1996, 16 (1): 49-55.

[29]　陆晓峰, 陈仕意, 李存珍, 等. 表面活性剂对超滤膜表面改性的研究 [J]. 膜科学与技术, 1997, 17 (4): 6-41.

[30]　申颖洁, 钟慧, 吴光夏. 膜表面光接枝改性的研究现状及展望 [J]. 环境污染治理技术与设备, 2001, 2 (6): 31-37.

[31]　陆晓峰, 刘光全, 刘忠英, 等. 紫外辐照改性聚砜超滤膜 [J]. 膜科学与技术, 1998, 18 (5): 50-53.

[32]　李焦丽, 奚西峰, 李旭祥, 等. 聚砜/聚丙烯酰胺合金膜及其在有机溶剂回收中的应用 [J]. 膜科学与技术, 2002, 22 (5): 32-35.

[33]　邢丹敏, 武冠英, 胡家俊. 改性聚氯乙烯超滤膜的研究 (Ⅱ): 共混改性膜性能的研究 [J]. 膜科学与技术, 1996, 16 (2): 45-50.

[34]　邱运仁, 方惠会, 熊曰华. 金属改性 PVA 复合亲水分相膜处理含油乳化废水 [J]. 膜科学与技术, 2001, 21 (6): 16-20.

[35]　PEARCE G, ALLAM J, CROOS J. Using membranes to treat potable water [J]. Filtration Sep, 1998, 35 (1): 30-32.

[36]　ROESINK H D W, KLEZECWSKI E, KOENHEN D M. The XIGA concept: a new module system for ultrafiltration [J]. Filtration and Seperation, 1997, 34 (6): 562-563.

[37]　王湛. 膜分离技术基础 [M]. 3 版. 北京: 化学工业出版社, 2019.

[38]　岳鹏. 超滤技术在铁路给水中的应用可行性探讨 [J]. 净水技术, 2020, 39 (增刊 1): 64-67.

[39]　岳鹏, 丁昀, 杨庆, 等. 超滤技术在城镇给水处理中的研究进展与应用 [J]. 净水技

术，2017，36（4）：36-42.

[40] 李圭白，瞿芳术. 城市饮水净化超滤水厂设计若干新思路 [J]. 给水排水，2015，51（1）：1-3.

[41] 李伟英，郭金涛，许京晶，等. 世博会直饮水水质推荐标准及配套工艺试验研究 [J]. 中国给水排水，2010，26（19）：45-48，53.

[42] 钟惠舟，陈丽珠，申露威，等. 超滤膜减少消毒剂量和消毒副产物的研究 [J]. 供水技术，2016，10（4）：19-23.

[43] GAID A, BABLON G, TURNER G, et al. Performance of 3 years' operation of nanofiltration plants [J]. Desalination, 1998, 117 (1-3): 149-158.

[44] 陈欢林，吴礼光，陈小洁，等. 钱塘江潮汐水源的饮用水膜法集成系统示范运行经验 [J]. 中国给水排水，2013，29（22）：98-101.

[45] 杨忠盛，芦敏，袁东星，等. 活性炭结合超滤及纳滤工艺深度处理饮用水的中试研究 [J]. 给水排水，2011，37（5）：29-34.

[46] GONCHARUK V V, KAVITSKAYA A A, SKIL'SKAYA M D. Nanofiltration in drinking water supply [J]. Journal of Water Chemistry and Technology, 2011, 33 (1): 37-54.

[47] 吴玉超，陈吕军，兰亚琼，等. 某微污染水源自来水厂的纳滤深度处理效果研究 [J]. 环境科学，2016，37（9）：3466-3472.

[48] 孙健，刘海燕，陈才高. 反渗透技术在我国饮用水行业中的应用 [J]. 净水技术，2020，39（增刊2）：1-6.

[49] 王晓楠，潘献辉，郝军，等. 反渗透海水淡化水的市政应用研究 [J]. 海洋开发与管理，2017（12）：77-80.

[50] 邢思初. 三沙市永兴岛海水淡化厂工程设计 [J]. 给水排水，2019，45（3）：17-20.

[51] 田林，李东洋，王晓丽，等. 反渗透技术在小钦岛海水淡化工程中的应用 [J]. 工业水处理，2018，38（9）：100-103.

[52] 刘娟，田军仓. 宁夏地区地下苦咸水人饮淡化技术适宜性研究 [J]. 中国农村水利水电，2019（3）：5-10.

[53] 赵丽芹. 超滤-反渗透应急饮用水处理试验研究 [D]. 杭州：浙江大学，2016.

[54] 苗雪娜，李红岩，祁誉，等. 以超滤与反渗透为主体工艺的应急净水车设计方案 [J]. 净水技术，2019，38（8）：17-20，25.

[55] 左俊芳，宋延东，王晶. 新型碟管式反渗透移动应急供水设备 [J]. 现代化工，2011，31（增刊1）：397-401.

[56] 黄勇强，朱艳，史凯，等. 膜电容去离子复合电极处理自来水 [J]. 环境工程学报，2015，9（2）：807-811.

[57] 郁振标，袁宵，陈清. 超滤膜技术在南通狼山水厂升级改造中的应用 [J]. 膜科学与技术，2021，41（1）：112-115，122.

[58] 钟燕敏，郑国兴. 超滤膜组合工艺在青浦第三水厂设计中的应用 [J]. 中国给水排水，2013，29（18）：60-63.

[59]　王郁. 水污染控制工程 [M]. 北京：化学工业出版社，2007.

[60]　何燧源. 环境化学 [M]. 4 版. 上海：华东理工大学出版社，2005.

[61]　W. 韦斯利·艾肯费尔德（小）. 工业水污染控制 [M]. 陈忠明，李赛君，等译. 北京：
　　　　化学工业出版社，2004.

[62]　梅特卡夫和埃迪公司. 废水工程：处理及回用：第 4 版 [M]. 秦裕珩，等译. 北京：
　　　　化学工业出版社，2004.

[63]　周群英，王士芬. 环境工程微生物学 [M]. 北京：高等教育出版社，2008.

[64]　王箴. 化工辞典 [M]. 北京：化学工业出版社，2010.

[65]　蒋维钧，余立新. 新型传质分离技术 [M]. 2 版. 北京：化学工业出版社，2005.

[66]　张自杰. 排水工程下册 [M]. 4 版. 北京：中国建筑工业出版社，2000.

[67]　严煦世，范瑾初. 给水工程 [M]. 4 版. 北京：中国建筑工业出版社，1999.